织物飘逸美感及其评价

ZHIWU PIAOYI MEIGAN JIQI PINGJIA

张玉惕 著

东华大学出版社

内 容 提 要

　　本书首先系统地论述了中古时期古诗、古画等作品中体现的服饰飘逸的意境内涵,阐述了飘逸形态是以波动曲线形式来表现的,织物飘逸性是一种动态力学性能,是服饰动态美感的关键性能。本书根据实际服用中织物飘逸的流向和受力方式,对织物飘逸进行受力分析,构建了织物飘逸波形的数学模型,建立了织物飘逸性的综合客观评价指标,将织物飘逸波形态进行分类。此外,本书还运用计算机模拟了织物飘逸波的形态变化画面。

　　本书可供纺织、染整和服装领域的科技人员阅读,也可作为高等院校相关专业的教学参考书。

图书在版编目(CIP)数据

织物飘逸美感及其评价/ 张玉惕著. —上海:东华
大学出版社,2014.4
ISBN 978-7-5669-0492-8

Ⅰ.①织…　Ⅱ.①张…　Ⅲ.①织物风格—研究　Ⅳ.
①TS105.1

中国版本图书馆 CIP 数据核字(2014)第 073880 号

责任编辑　张　静
封面设计　魏依东

出　　　　版:东华大学出版社(上海市延安西路 1882 号,200051)
本 社 网 址:http://www.dhupress.net
天猫旗舰店:http://dhdx.tmall.com
营 销 中 心:021-62193056　62373056　62379558
印　　　　刷:南通印刷总厂有限公司
开　　　　本:787 mm×960 mm　1/16　印张　13.25
字　　　　数:268 千字
版　　　　次:2014 年 4 月第 1 版
印　　　　次:2014 年 4 月第 1 次印刷
书　　　　号:ISBN 978-7-5669-0492-8/ TS·483
定　　　　价:60.00 元

前　言

　　纺织品具有形成与塑造人体视觉形象的功能,除了色泽和图案以外,纺织品造型形态给人视觉美的感受是十分重要的。随着对纺织品审美观念的不断变化,人们不仅追求纺织品静态造型形态的美感,而且对纺织品动态所表现出来的独特性能十分关注。实际上,对于服用纺织品而言,关注纺织品的动态表现性是最具有实用价值的。20 世纪 30 年代人们开始研究织物静态悬垂性,到 80 年代研究动态悬垂性,证明了人们对纺织品动态形态的关注,以及研究人员对织物动态力学性能的重视。目前,与其他材料比较,悬垂性是唯一一个表征织物独有特性的形态性能指标,并且得到了人们的认可和广泛应用;静态悬垂性的研究已经十分成熟,动态悬垂性的研究也具有相当的水平。

　　实际上,织物飘逸性较早被人们所认知,织物飘逸的视觉效果在中国古代就被运用,并且用来表达人们的情感。当今,随着纺织技术的进步,在纺织材料加工技术中,技术人员不断通过技术和工艺来改善织物的飘逸性能;但是,至今尚没有对织物飘逸性能单独研究的报道,织物飘逸感的评价仅限于主观评价,对于飘逸性的测试方法、指标建立尚处于空白阶段。

　　织物飘逸性是表征织物动态性能的另一个指标。织物飘逸性能的含义是指在风吹或外力牵引的作用下,织物所形成曲面形态变化的特性。织物的飘逸形态千姿百态,根据实际应用中织物飘逸的流向和受力方式,将织物飘逸进行归纳分类:按织物飘逸波动方向不同,可分为单向飘逸和多向飘逸两种形式;按织物受力方式不同,可分为牵动飘逸和风吹飘逸两种方式。其中,在牵引力作用下织物单向飘逸是服饰飘逸的最基本形式。

　　本书中的飘逸测试装置为自行设计制作的,根据综合分析研究,确定了试样常规尺寸为长度、宽度、夹头移幅和频率。该装置能够准确定位拍摄织物形成的飘逸波,便于从飘逸波图片采集数据和各种样品的比较分析;通过对该装置的实际使用,达到了预期的效果。在织物单向飘逸达到稳态时,以静力学、动力学和波动学为理论研究基础,对织物单向飘逸进行受力分析,得到了织物飘逸波的数学模型,以及波速与传播距离的关系式。

织物飘逸波的研究是从试样质点振动和波形传播两个方向进行的,经过实测和分析,发现以下飘逸波规律:

织物飘逸波的波函数为非正规余弦函数,波幅按指数规律衰减,而波长按幂函数规律衰减。这种变化的波形正是织物飘逸美感的实质所在。飘逸波的波幅衰减系数视织物品种而不同,大多数厚重织物的衰减系数大于轻薄织物,说明厚重织物飘逸形态呆板,飘逸感差。半波面积是指波幅与半波长的乘积,对飘逸波形分析可知,它的大小表示织物形成飘逸波需要吸收的能量的多少,绝大多数厚重织物的半波面积大于轻薄织物,说明轻薄织物更容易形成飘逸波。波形形状系数是指波幅与波长的比值,一般厚重织物的形状系数小于轻薄织物,说明厚重织物形成的飘逸波形较纤细、不丰满。

通过对多种样品的波形的波长、波幅、半波面积、形状系数、衰减系数和波数六个指标进行测试,采用聚类分析,将样品分为四类。第一类为真丝乔其纱、真丝印花纱和生丝洋纺等品种,均为真丝稀薄织物;第二类为涤丝彩旗绸、蓝真丝电力纺、真丝电力纺和尼丝彩旗绸等品种;第三类为真丝、棉、锦纶和涤丝为原料的绸、绉、纱和缎等品种;第四类为棉、麻、毛和涤纶原料的呢、织锦和绒类织物等品种。根据织物飘逸波衰减方程,运用计算机模拟织物飘逸波形态变化规律,只要在参数框中输入参数,即可观察飘逸波动画面;并且,通过改变相关参数,便可获得所需的飘逸动态波形画面。

本书涉及内容是在姚穆院士和孙润军教授的精心指导下完成的,同时得益于苏州大学纺织与服装工程学院有关教授的关心和帮助,在此表示诚挚的谢意! 另外,也要感谢山东丝绸纺织职业学院的领导,以及丛国超、王革、王金玲和刘丽娜等老师的支持。

由于本人水平有限,书中内容可能存在不足和错误,恳请读者提出宝贵意见。

张玉惕

2013 年 12 月

符 号 总 表

a	试样加速度	m/s^2
A	波形波幅	cm
B	试样宽度	cm
c_L	抗弯长度	cm
c	织物波动弯曲屈曲缩率	%
C	织物中纱线屈曲缩率	%
C_f	纤维扭转刚度	$cN \cdot cm^2$
C_0	空气阻力系数	无单位
dS	试样迎风面积	m^2
D_0	试样中心距照相机的最近距离	cm
E_f	纤维的弯曲弹性模量	cN/cm^2
E_F	弯曲弹性模量	cN/cm^2
E_k	织物动能	J
E_L	拉伸弹性模量	cN/cm^2
E_p	织物势能	J
E_y	纱线弹性模量	cN/cm^2
E'	动态弹性模量	cN/cm^2
E''	动态损耗模量	cN/cm^2
f	频率	Hz
F	纱线上端的横向力	N
F_i	试样体积元的上端拉力	cN
F_{i+1}	下端拉力	cN
F_K	空气阻力	cN
$F(x)$	织物质元上端的剪切力	cN
$F(x + \Delta x)$	织物质元下端的剪切力	cN

织物飘逸美感及其评价

I	波动能流密度	$J/s^2 \cdot m$
$\bar{I}$	平均能流密度	$J/s^2 \cdot m^2$
I_f	纤维实际截面惯性矩	m^4
I_0	转换成正圆形时的纤维惯性矩	m^4
I_y	纱线的截面惯性矩	cm^4
K_F	织物弯曲曲率	cm^{-1}
K_y	纱线弯曲曲率	cm^{-1}
K_{y0}	纱线的初始曲率	cm^{-1}
l	织物微元体内试样拉长的长度	cm
l_0	试样滑出长度	cm
l_y	织物中单位组织循环中纱线的长度	cm
l_F	织物中单位组织循环中织物的长度	cm
l_L	连杆长度	cm
L	试样波动后的变形长度	cm
L_T	图片上的试样长度	cm
L_0	试样波动前的长度	cm
m_i	试样体积元质量	mg
m_x	距离原点 x 处的质量	g
m_y	单根纱线总质量	g
M_f	纤维弯曲外力矩	$cN \cdot cm$
M_F	织物弯矩	$cN \cdot cm$
n	夹头或马达转速	r/min
n	纤维根数	根
N_{dt}	纤维的线密度	dtex
P_j	织物经纱密度	根/cm
P_w	织物纬纱密度	根/cm
r_f	纤维曲率半径	cm
r_F	织物弯曲曲率半径	cm
R	曲柄半径	cm
R_f	纤维弯曲刚度	$cN \cdot cm^2$
R_{fr}	相对弯曲刚度	$cN \cdot cm^2/tex$

R_{FZ}	织物总弯曲刚度	cN · cm^2/cm
R_j	经向弯曲刚度	cN · cm^2/cm
R_y	纱线弯曲刚度	cN · cm^2
R_w	纬向弯曲刚度	cN · cm^2/cm.
S	织物横截面积	cm^2
t_τ	形变推迟时间	s
T	纱线张力	N
u	波速	m/s
V	试样与空气的相对运动速度	m/s
V	纱线横向速度	m/s
W	波的能量密度	J/m^3
$\overline{w}$	平均能量密度	J/s · m^2
y_{max}	试样弯曲最大挠度	cm
α	纱线中外层纤维的捻回角	rad
α	曲柄转动的位相	rad
α_F	单位组织循环织物的弯弧对应角	rad
α_y	单位组织循环纱线的弯弧对应角	rad
β	衰减系数(或阻尼因子)	无单位
γ	纤维密度	g/cm^3
γ_c	临界阻尼系数	无单位
Δ	振幅对数衰减率	无单位
δ	交变外力作用的损耗角	rad
η_f	纤维截面形状系数	无单位
$\theta(x)$	质元切应变	rad
λ	波形波长	cm
ν	泊松比	无单位
ξ	试样振动阻率	无单位
ρ	织物面密度	g/m^2
ρ_F	织物密度	kg/m^3
ρ_j	经纱单位长度质量	g/cm
ρ_y	纱线的线密度	kg/m

ρ_0	空气密度	kg/m³
ρ_w	纬纱单位长度质量	g/cm
$\tau(x)$	质元剪切应力	cN
φ	曲柄初始位置初位相	rad
ψ	试样波动阻率	无单位
ω	试样体积元圆频率	rad/s
ω_0	试样固有圆频率	rad/s
ω_P	夹头或试样圆频率	rad/s
Ω_1	形状系数	无单位

织物飘逸美感及其评价

目　　录

织物飘逸美感及其评价

第 1 章 绪 论

  飘逸(fluttering)一词的含义是轻柔飘动;做形容词时,形容轻柔飘动的样子。所谓织物飘逸性,是指在风吹或外力牵引作用下,织物所形成曲面形态变化的特性。织物飘逸仅受到重力、风力或牵引力的作用,按织物受力的方式不同,分为牵动飘逸和风吹飘逸两种。如,着装者走动时裙子、丝巾等服饰的飘动以及长绸舞等,可视为牵动飘逸;着装者伫立在风中时风吹动服饰而产生的飘动以及旗帜的飘动,可视为风吹飘逸。服饰飘逸感,一般是指服装(长襟、长袖)、飘带和丝巾等在运动或风吹时所产生的空间形态,带给人们的视觉感受。

  一般而言,纺织品中最轻薄的织物是丝绸产品。丝绸是中国文明的特征之一。它在无风时自然下垂,有风时飘舞舒展。自古以来,悬垂感和飘逸感就是丝绸服饰的独特风格,形成了中国特有的服饰风格与着衣心理。丝绸文化渗透于中国各个时代的文化领域,服饰风格与人物形象的飘逸而含蓄如出一辙,相辅相成。丝绸的飘逸特性在古代诗词中屡有出现。飘逸感不仅是一种视觉感受,也是一种境界,是清新雅致、恬淡自然的一种感受。因此,中国丝衣与中国画、中国诗,在这一点上是互通的[1]。

1.1 古代服饰的飘逸感

  中华民族开创的衣冠带履装束,是中国优秀文化传统中具有创造性和艺术魅力的财富之一。据史书记载,在黄帝以前的时代,衣服以实用为主,并没有审美功能。《易经·系辞下》记载,到了黄帝掌管天下后,才开始制作衣裳[2]。

服饰的作用以御寒、遮羞、美饰为主。服饰的构成要素是织物、样式、色彩、图案和佩饰。其中,织物和样式两个要素除了决定服饰是否具有护体和御寒功能外,还决定了服饰的垂重感和飘逸感等美化作用。随着人类文明的发展,对服饰心理需要的美饰作用显得日益突出,而服饰飘逸感则是凸显美饰作用的重要视觉风格,在我国漫长的服饰历史中,不同朝代、不同民族的服饰展现了风格迥异的飘逸特色。

1.1.1 中国古代具有飘逸感的典型服饰

古代具有飘逸感的服饰有许多,现以中国古代几个时期中较为典型的服饰为代表,了解古人对服饰飘逸感的理解和运用。

1.1.1.1 魏晋南北朝时期的"褒衣博带"描述

图 1-1 褒衣博带[4]
Fig. 1-1 a loose gown with wide girdle[4]

魏晋南北朝时期,为了追求自然飘逸的境界,在服装款式上,最主要的特点是大袖、褒衣博带(图1-1)。这是盛行于魏晋名士间的审美情趣。《宋书·五行志》中载:"晋末皆冠小而裳博大,风流相仿,舆台成俗。"[3]《宋书·周郎传》记载:"凡一袖之大,足断为两,一裙之长,可分为二。"[3]可见褒衣博带的自由款式在当时的着装中已蔚然成风。

魏晋南北朝时期的妇女,一般上身穿衫、袄和襦,下身穿裙子,腰间用一条帛带系扎,以宽博样式为主[6]。衣衫的袖口肥大,而裙子下摆宽松,裙长曳地,从而表现出俊俏、潇洒、飘逸的效果。当时,流行一种女装叫杂裾服,又称杂裾垂髾服(图

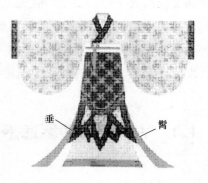

图 1-2 杂裾垂髾服[5]
Fig. 1-2 a clothing with tails, chuis and shaos[5]

1-2)。"垂"是指下摆裁制成上宽下尖的三角形,层层相叠;"髾"是指从围裳中伸出的飘带作为装饰。由于"垂"和"髾"是以丝织物制成的,其中飘带拖得比较长,走起路来,如燕飞舞,故有"华带飞髾"之美喻[5]。

追求飘逸效果的"褒衣博带"着装模式的原因,与南北朝时期的玄学不无关系,受玄学飘逸潇洒之风的影响,为张扬个性,其"清远脱俗"的审美趋向影响了整个时代的社会生活,广袖长裾、飘飘似仙的服饰形式正符合了当时社会主流阶层的审美趣味。

1.1.1.2 隋唐时期的"大袖长裙"描述

如果说魏晋南北朝时期"褒衣博带"是一种内在精神的释放,是一种个性标准;那么唐朝的服饰则是对美的释放,对美的大胆追求,是中国服装发展史上一个极为重要的时期。

唐代服饰崇尚丰腴为美,所以唐代妇女身材丰硕,中唐女服也渐趋宽大,裙子的宽度比隋末唐初时肥大得多。到了中晚唐时期,这种特点更加明显。当时的妇女服装,一般大袖衫裙样式以大袖、对襟配以长裙、披帛为主,其中袖宽在4尺(约1.33 m)以上。衫裙大多以纱罗作为面料,因为纱罗能够充分体现飘逸袅娜的着装风韵,同时契合了唐代的开放时尚。唐代女子不着内衣,仅以轻纱蔽体,展现了唐代女性洒脱开放、妩媚艳丽的时尚风格。图1-3所示为中晚唐宽袖对襟衫、长裙、披帛穿戴展示图[5],图1-4所示为穿大袖衫、长裙、披帛的贵妇[5]。

图1-3 大袖衫展示图
Fig. 1-3 the picture of a big sleeve clothing

图1-4 穿大袖衫的贵妇
Fig. 1-4 the lady wearing a big sleeve clothing

织物飘逸美感及其评价

　　古代服饰非常重视服装造型动态美的表现,而平面构成是传统服装的基本特征,对于服装的合体性的考虑很少,都是采用平面构成的形态模式进行制作,该方法恰好给服装造型动态美的体现提供了可能。通过对中国服装史空间形态变迁的比较,可以发现人类在服装原生状态的基础上,因时代不同,形成了不同类型的空间形态,图1-5展示了服装空间形态的变迁[7]。

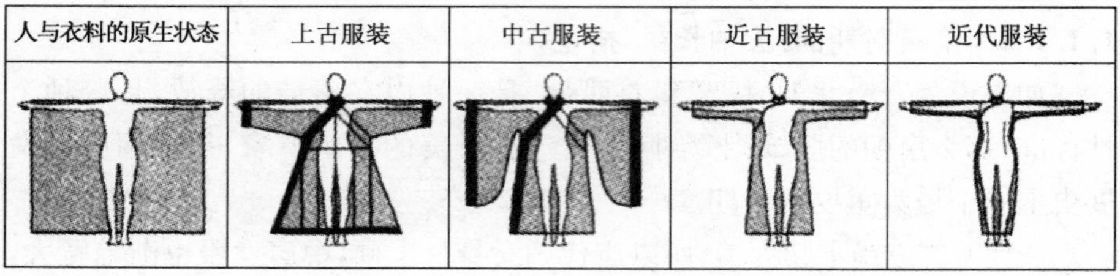

人与衣料的原生状态	上古服装	中古服装	近古服装	近代服装

图1-5　服装空间形态变迁

Fig. 1-5　the transition of garment space and shape

　　由于受到儒家文化、礼教规范和审美观念的影响,规、矩、绳、权、衡的造型观念[8]一直影响着人们对服饰的审美取向。图1-6中,左图为戴帽、穿曲裾服的男子(陕西咸阳出土的彩绘陶俑),右图为穿曲裾服的男子(陕西出土的西汉陶俑),充分展示了当时的服饰构成的形态特点。

图1-6　男人的曲裾深衣[5]

Fig. 1-6　men's full front and shenyi[5]

　　平直、宽大和方正的服装形制,一方面决定了服装空间形态对人的体表特征的掩盖,另一方面也有利于呈现服饰的飘逸感。人们对服饰审美的重心不再是服饰的衣身,而是移位于附件和繁华的装饰,从而飘逸感在中国传统服装延续数千年的廓型平直、结构简单、装饰复杂的总体风貌中起到了十分重要的作用。

1.1.2 古代裙子、长袖和披巾的飘逸感描述

我国古代服饰的飘逸特性通过不同形式得以展现。这些形式直接或间接地反映了不同时代的制度、习俗、礼仪和审美特性。

1.1.2.1 古代裙子的飘逸感

裙子是人类最早的服装,黄帝"上衣下裳"制度中的"裳"就是指裙子。裙子最初的服式主要是出于对生存和装饰等生理和心理的需要。宽松的裙子给予下肢较大的活动空间,体现了女性柔软曲线的形体美,满足了人们对于装饰美化自身的需要。

裙子的长度和周长是裙子产生飘逸的主要因素之一。大唐盛世,又肥又长的裙子是唐代服装中的一大特点,唐代女子的裙围一般由6幅布帛竖向缝合而成。穿着如此宽松的裙子,行走时裙摆产生波浪形的动态美感,正像孙光宪描述的"六幅罗裙窣地,微行曳碧波"[9]。更为讲究的裙子则采用7幅、8幅布缝合。六幅裙的周长约为 3.18 m,八幅裙的周长可以达到 4.15 m。诗人孟浩然表述的宽大裙子为"坐时衣带萦纤草,行即裙裾扫落梅"[9]。这种裙子裙摆宽大,腰部适体,而臀围宽松,下摆有一定波浪形态。因此,只有大裙摆的裙子移动或微风吹起裙摆,才可以穿出飘逸的效果。南北朝诗人何思澄在他的《南苑逢美人》中写过"风卷葡萄带,日照石榴裙"[10],意为微风轻卷、玉带飘举、艳阳凝照、红裙袅娜。

古代裙子都是以色彩与飘逸形态相结合来形成独特的外观效果。一种流传久远、色如石榴红的裙子被称为石榴裙。如南朝梁元帝的《乌栖曲》"交龙成锦斗凤纹,芙蓉为带石榴裙"[10],虞世南的"轻裙染回雪,浮蚁泛流霞"[11],元代诗人刘铉的《乌夜啼》中"比似茜裙初染一般同"[12],就把石榴花直指女子的裙裾。普通妇女以穿着石榴红裙为尚,一直流传到明清时期。清代杨芳灿的《菩萨蛮》中则有"石榴裙样巧,线压双鸳鸟"[13]。《红楼梦》里

亦有大段描写,可相印证。

从裙子的动态风姿来看,大致分为两种。一种是由风吹动裙子所形成的飘逸形态,如李商隐的《江南曲》"郎船安两桨,侬舸动双桡。扫黛开宫额,裁裙约楚腰"[9],描绘少女穿着合体的长裙,在湖面的微风中摇曳生姿。另一种是由穿着者运动而形成的裙子的飘逸形态,如杜审言的《戏赠赵使君美人》"红粉青娥映楚云,桃花马上石榴裙"[9]。诗中楚天寥廓的蓝天白云下,桃花红艳中,鲜红如石榴花的裙子在飘曳生姿。无论是风吹动裙子还是裙子运动,宽松的长裙随风舞动,令女人无限憧憬,演绎起随风飞舞的美丽。

1.1.2.2 长袖善舞与飘逸描述

人们在生活中,手的活动量和活动空间最大。古人通过改变衣袖的大小和长短来延伸"手"的某种功能,达到表达某种涵义的目的。人们对衣袖的美饰是人们生活艺术化的突出表现。古人在生活中,长袖更多地体现姿态的优美。

通常,舞蹈服饰是生活服饰的升华,同时又是生活服饰的审美先导。舞袖是中国舞的一大传统特征,长袖舞在西周时就已受到人们的青睐。在春秋战国墓葬中发现众多的长袖舞者,婀娜多姿。这种以阴柔为主,飘逸轻盈、婉转柔和、长袖缭绕、细腰扭转的轻歌曼舞,是对当时武力征服天下的一种补充,是人们心理上的反向追求。时至汉代,人们在生活中普遍穿长袖衣袍,长袖是汉代服装的主要特点之一。汉代高度发达的纺织业,为长袖舞的兴盛提供了物质基础,以长袖为特征的舞蹈在华夏大地广为流传。

战国时期《韩非子·五蠹》中有"长袖善舞"[14],唐代李白《白纻辞》中有"扬眉转袖若雪飞"。这些诗句中均蕴含着作者通过舞袖的飘逸感来表达的某种情感。在舞蹈中,长袖也称为水袖。作为主要表演手段时所特制的长袖,一般长约1 m,宽60 cm以上。长袖一般用绸缎制成,由于"袖"舞动的形态似水波荡漾,故称为水袖。水袖飞舞,飘逸、流畅、随意,其形态使观赏者有似花、似水、似云、似柳的感觉,借以表达舞者内心复杂的感情。白居易《霓裳羽衣曲》中有"小垂手后柳无力,斜曳裾时云欲生"[15],正是由于变化万千的长袖,使得舞者缠绵依依、神韵兼备。

长袖与大袖(广袖)不同。如唐代的圆领大襟女袍服,袍服的袖子多用大袖,就是在臂肘处十分宽大,形成圆弧,衣袖顶端有明显的收敛。广袖在舞蹈中出现,使袖舞多了一些华贵和大气。李白在《高句骊》中写道:"翩翩舞广袖,似鸟海东来"[9],说明该舞蹈有"广袖"的形态。《朱子家礼》中"圆袂用布二幅[16]",这里的"圆袂"就是大袖。如图1-7和图1-8所示,无论是大袖还是长袖,穿着者举手间,行云流水,长风盈袖,衣袂飘展。

图 1-7 大袖[17]

Fig. 1-7 the big sleeve[17]

图 1-8 长袖[18]

Fig. 1-8 the long sleeve[18]

1.1.2.3 帔子与飘带的飘逸感

帔子也称"披巾",多为薄质纱罗所制。披巾被不同学者称为披帛、披肩、肩巾、纱巾、长巾、飘带、帔子等。古代妇女服饰中的披帛,站立时披帛自然下垂,走动时随风飞舞,飘逸舒展如风拂杨柳。这种附加的服饰,延伸了身体的视觉效果,将线条感和人体美相结合。它的出现不是为了实际的用途,而是营造了一种生动活泼、婀娜多姿的外形效果。

据考证,帔子不是本土固有的服饰,来源于西亚。中国从晋代开始出现披帛,隋代壁画中已有披帛,唐代广泛流行,白居易的《霓裳羽衣舞曲》中就有"虹裳霞帔步摇冠"的形容。披帛有两种:一种较为宽短,披在肩上好像一件披风;另一种窄而长,可达2 m以上,环绕在肩背和双臂间,行走时摇曳飘动,有一种动态的美感。由于帔子形美如彩霞,明代时称为霞帔,人体行动时,霞帔随风飞舞,如后来的成语"凤冠霞帔"。图1-9所示为唐代身披披帛的供养人[19],图1-10所示为明霞帔[5],图1-11所示为明孝端皇后大衫霞帔像[5]。

图 1-9 伎乐图

Fig. 1-9 the picture of
ancient musician

图 1-10 霞帔

Fig. 1-10 the picture of a scarf
over ceremonial robe
for ladies of noble

图 1-11 大衫霞帔

Fig. 1-11 a big skirt with a scarf over ceremonial
robe for ladies of noble

织物飘逸美感及其评价

飘带是最容易形成飘逸形态的服饰之一。服饰中的飘带是帔帛应用的扩展。人们利用服饰中的飘带,可以衬托优美动态的身姿。早在两汉时期,人们讲究风度气韵,曹植《洛神赋》中有"翩若惊鸿,宛若游龙"[20],展现了洛神飘然而至的风姿神韵,从服饰姿态方面,给人以轻盈、飘逸的动感。古代优美的飞天,是佛教壁画或石刻中空中飞舞的神。北魏前期,飘带较短;东西魏、北齐时期,飘带渐长,凌空之感增加;至盛唐时期,飞天都为少女形象,体态丰满,飘带更长,有的比人长 2～3 倍,凌空飘荡的质感非常自然流畅。敦煌飞天的风格特征是借助云彩而不依靠云彩,而是凭借飘曳的衣裙,以及飞舞的彩带凌空翱翔。这正是服饰飘逸感的实际应用。

　　在京戏《天女散花》中,梅兰芳舞动长长的飘带,是对披帛象征性的极端发挥。以敦煌壁画为题材的舞蹈作品,无论是《天女散花》的飘带舞动形象,还是《飞天》的蹁跹飘舞、《丝路花雨》的胡旋舞、霓裳羽衣舞等,在彩云间凌空飞舞,都离不开飘曳的衣裙和流动的彩带。图 1-12、图 1-13 和图 1-14 中,轻盈曼妙、潇洒自如的舞姿充分展示了织物飘逸感的独特魅力[21-23]。

图 1-12　飞天
Fig. 1-12　flying apsaras

图 1-13　霓裳羽衣舞
Fig. 1-13　feather dress dance

图 1-14　天女散花
Fig. 1-14　the heavenly maids scatter blossoms

織物飄逸美感及其評价

1.2　飘逸感的审美

人们在生活中对飘逸感的认知离不开大自然的贡献,服饰是人类生活的重要组成部分,飘逸性应用在服饰中产生的飘逸美感,满足了人与自然融合的审美要求。

1.2.1　山水美与飘逸美感

从服装飘逸感的动态美表现来看,古代服饰出于对天的敬仰,以及与大自然的融洽,力求做到"天人合一"。人们通常将自然的山水景物物化为身边使用的物品,以便于欣赏。

人们追求飘逸感是受到自然山水美的影响,服饰形成飘逸感则离不开气的作用,有气而有生机[24]。"气"是化生天地万物的元素,"气"处在"形""神"之间,可以通"情"[25]。"气非无,乃是有;气又非形,乃是无形之有而能变成形的"[26]。气的生成是"聚"和"散"两种方式,老子说:"万物负阴而抱阳,冲气以为和。"[27]因此,整个宇宙都是由气生成的,人与自然的交流是有形生命与无形生命的交流。古人之所以能够把人情转化成物情,是人与自然同构的思想基础。

自然山水形态万变,士人们在畅游山水、领略自然之美时,发现在山峦起伏、水波荡漾的自然山水景色中,以飘逸为美。这是人情转化成物情之后,又不滞于物的自由展示。自然山水的美在于体现了一种生机。"它是自然山水的灵魂"[28]。人在与自然山水的对话中感受到一种生机,从一草一木、一山一水中,都能深刻地感到生命的流行。通过人与自然同情,进而感受到美。这就是他们怡情山水的重要原因。

自然山水环境影响着人们的审美意识的产生、发展和变化。古人,尤其是东晋士人在生活中具有山美水秀的审美意识,将飘逸作为代表,"它追求的是欣赏统一和谐中的平稳和木叶潇潇、烟波迷朦一类的优美境界,总的特征是超现实的虚幻之美"[29]。

1.2.2 服饰飘逸感与服饰美

服饰作为一门视觉艺术,具有形式美的一般规律。它由形态、色彩和质感三个美学的基本要素构成。"形态"要素是指服饰的造型,包括静态和动态两个部分。服饰形态,即使是同一款式,也不会有固定的模式,随着人体的运动,充分展示出形态的灵活性和多变性。服饰动态美是指服饰在人体运动中表现出来的动感之美,主要表现在人的运动使服饰脱离开人体而产生的动感。服饰飘逸感是一种外在的形式美,它有自身的法则,如对称均衡、多样统一等形式法则。在形式的结构上,有运用形的变化,线面节奏的和谐对比,明暗层次对比,面积分布的大小对比,比例尺寸的和谐分布,均衡节奏的变化对比。其中,黄金分割、统一、对称等,都是人们在长期实践中总结出来的美的形式。

服饰包覆于人体表面,与人时刻相随,并与人融为一体。人们在日常生活中,服饰形态随着行走、回旋等富有节奏的动作不同而变化。人体动势改变了服饰的原有形态,为服饰美的表达提供了独特空间。服饰随着人体的活动而产生千变万化的形态,拥有独具魅力的动态美,是建立在一定的立体动感基础上产生的,给人以变化流动的美感,在人体与外延空间之间产生无意识的运动轨迹。如女性在行走时随风飘逸、波浪般舞动的裙摆,增添了女性柔美、妩媚的气质。

服饰按其形态不同可分为两类,即直线型和曲线型。直线型服饰形态能引导人的视线上下、左右移动,所体现的运动具有均匀且平稳的稳重感,斜向直线能使服饰增添运动感。曲线之美,天下公认。经研究发现,物体轮廓由波浪线构成都显得优美,这就是曲线美的美学规律。曲线不仅有柔和而流畅的外形,还有丰富而又深刻的含蕴;曲线有一种动态的定势,具有流动感,如大海的波浪、山峦起伏和花的形状等,曲线的延续和波动所表现出来的活力特强。曲线型服饰形态给人以柔美典雅的动感。

织物飘逸形态是一种波浪形,可认为是由直母线依据固定的曲线移动而形成的曲面(或者是由余弦母线依据固定的直线移动而形成的曲面)。曲线作为导线,其不同的运动节奏动律,给人以形象的视觉直观的感受,呈现出动态和造型的形、线之美。

1.3 服饰飘逸感的形成

服用纺织品是一种柔性体,特别是柔软、轻盈的织物,其悬垂性和飘逸性作为服饰造型的重要组成要素,是影响人们服用美感表现的重要性能[1]。

1.3.1 服饰飘逸空间形态

服饰飘逸感是服饰的一种空间动态形态。服饰的空间形态由服饰的轮廓、结构和附件三大造型要素构成。服饰的飘逸感一般是针对宽松的服饰而言的,如风衣和夏季轻薄宽松的裙装、休闲装等服装。

服饰形态的特征以轮廓造型最为醒目。就裙子的裙摆大小而言,可分为筒裙、A字裙和斜裙等;从裙子的长短来分,有长裙和短裙。很显然,短筒裙是难以形成飘逸的;而宽松肥大的大斜裙,在着衣者走动或受风吹拂时,会产生飘逸感。服饰的动态飘逸变化,使人的视觉感官很容易感觉到轮廓边界的不断变化,从而产生出服饰美的视觉美感。

服饰的结构决定飘逸外形特征,决定着服饰整体或局部的飘逸程度,也就是说,决定了服饰飘逸运动方向和运动形态。

服装的附件是服装空间形态的细节补充,是服装整体造型的局部形态,服装轮廓与结构经常借附件(零部件)来强化造型[30]。从附件与服装连接的方式来看,附件可分为一体和连体两大类。一体类附件是指附件与服装固结在一起成为一体,服装将附件整

图 1-15 连体附件飘逸
Fig. 1-15 the deformation of integrated attachment

体约束,附件不能脱离服装,因此这类附件不可能产生飘逸。连体类附件是指附件与服装相连,但能离开服装整体而自由飘动,如图 1-15 所示[31]。

自由飘动的轻薄附件由于约束少,在一定条件下会产生飘逸。服装附件常成为视觉焦点而为人们所关注。合适的附件可使服装美更加完善,是穿着者和观看者更能表达情感的载体。

1.3.2 服饰飘逸的条件

服饰具有较大活动的空间是飘逸的必要条件,而面料性能则是服饰飘逸的充分条件。

服饰包覆人体的松紧程度或服饰离开人体表面可自由活动的程度,取决于服饰的放松量[32],而放松量是织物产生飘逸感的基本保证之一。按服饰的宽松量大小不同,可分为宽松型和紧身型两大类。宽松、肥大以及自由松度较大的服饰,对人体的约束较小,服饰离开人体自由活动的空间较大,特别是在崇尚肥胖的时期,如唐代画家吴道子"吴带当风"的绘画风格,即"宽袖大袍飘动,裙衣帛带飞扬"(图1-16)。放松量较小的紧身衣没有动态美感,如齐北画家曹仲达的"曹衣出水"风格,表达的是"薄衣贴身的服饰艺术"(图1-17)。

图1-16 吴道子《天王送子图》[33]

Fig. 1-16 *Heavenly King Sending Son by Daozi Wu*[33]

图1-17 薄衣贴身的佛像[34]

Fig. 1-17 *a buddhist statue with thin kasaya next to skin*[34]

就服饰风格而言,"曹衣出水"表现出服装的悬垂感,即直线美;而"吴带当飞"则表现出服饰的飘逸感,即曲线美。这两者相辅相成,共同构成了中国服饰含蓄和飘逸的艺术风格。

就服饰的面料而言,以其自身的塑形性能对服饰造型的主要影响,是柔软、流动,还是坚挺、干涩等气质。如用轻薄透明的织物作为服装材料,通过各种组合,利用衣片的自由松度制成流畅的服饰款式,当着衣者处于动态状态时,衣料抖动飘动,会造成一种荡漾起浮的飘逸感视觉。

1.3.3　服饰飘逸的形态种类

不同的服饰造型和运动方式,所形成的形态不同。运动中的服饰形态千变万化,服饰的运动形态总是随人体的运动而变化,并且总是滞后于人体的运动,表现出形态变化的滞后性,人体的运动、面料的材质和服饰的结构决定着飘逸的形成。

服饰宽松部分和离体部分会在一定空间内产生不同的运动方式。对裙装而言,大致分为走动和旋转两种。如图1-18所示,由纺织材料制成的宽松服饰在走动(或有风)时都会产生摇摆,如图中(a)所示;但是否产生如图(b)所示的飘逸效果,关键在于服饰结构和材质的特性。

(a)　　　　　　　　　(b)

图1-18　走动飘逸[35]

Fig. 1-18　the deformation caused by walking[48]

当穿着裙装的人体旋转运动时(图1-19),裙装主要表现为膨缩,即裙衣下摆的横截面膨胀,而长度方向缩短,见图中(a);只有轻薄柔软的材质和宽松款式的裙装才会产生图(b)所示的旋转飘逸形态[36]。

(a)

(b)

图 1-19　旋转飘逸
Fig. 1-19　the deformation caused by rotating

由于织物受力后波动方向不同,形成的飘逸形态也不同,因此按织物的波动方向,可分为单向飘逸和多向飘逸。单向飘逸是波动方向始终沿着织物的一个方向传播,对梭织物而言,就是沿着经向或纬向飘动,如旗帜的飘扬、丝巾的飘动和长绸舞等(图 1-20)。多向飘逸是指波动沿各个方向同时飘动,如身穿裙子旋转时的飘动、舞手帕等。

图 1-20　长绸舞[37]
Fig. 1-20　long silk dance [37]

按织物飘逸所受动力的来源,分为牵动飘逸和风吹飘逸两种,后者的飘逸测试和评价较为复杂,难度较大。在此之前,织物的飘逸感只是定性的评价,而无定量的评价[51]。也有学者将飘逸纳入织物的动态悬垂性领域进行研究。动态悬垂性可以认为是一种织物多向飘逸,它也是最早提出评价织物飘逸感的方法。关于这方面的研究回顾如下:

织物飘逸美感及其评价

1.4 近代飘逸性相关研究的回顾

除了古代人对服饰的飘逸有一定的感性认识外，近代服饰上运用织物飘逸独特风格较为广泛。纺织界经常通过加工技术来提高材料的飘逸性能。织物飘逸性能实际上是织物动态弯曲性能之一，近十几年来，研究人员主要对动态悬垂性进行研究，有学者在研究织物悬垂性时涉及到飘逸性能[38]，但是就织物的飘逸性能尚无单独研究的报道[39]。

1.4.1 织物飘逸的力学研究和形态模拟

从织物飘逸波动方向的形态来看，最早涉及到织物飘逸性能的研究是动态悬垂性，它是织物多向飘逸的典型代表。关于动态悬垂的力学研究及其形态模拟，国内外已有许多研究[40]。

织物悬垂性的分析是一个滞后弯曲变形的问题，而织物飘逸性能与之雷同。因此，其力学方面的分析对研究织物的飘逸性能有一定的借鉴作用。

1.4.1.1 力学领域的研究

织物悬垂性与其力学指标关系的研究是一个较为复杂的课题，许多研究人员都试图解决这个问题，找出织物悬垂的力学本质。早在 1937 年，Perice[41] 先生就对织物风格进行客观测量研究，最早对织物弯曲长度和弯曲模量等力学指标进行了研究，认为织物悬垂性的主要影响因素是织物的硬挺度。他利用自制的测试装置，测得织物悬垂曲线各点处的方向角，建立非线性微分方程，提出了织物弯曲长度这一重要指标，经过研究又提出了柔性刚度和弯曲模量等指标[42]，提出了"织物手感可以进行测量"的构想。之后，有许多学者对织物的弯曲和剪切性能进行了研究，主要侧重于织物的应力与应变性能方面，尤其是织物的非线性应力与应变性能的研究，认为织物的应力与应变关系曲线在开始阶段一般为非线性，之后是线性阶段，该阶段纯粹是织物弹性因素的作用[43]。Sudnik[44] 研究了织物弯曲长度与悬垂系数的相关性，证明了弯曲性能在织物悬垂变形中的重要性。Grosberg[45] 对机织物的拉伸性能进行研究,得出了织物弯曲模量与弹性变化的关系。Skelton[46]指出机织物的剪切回复性与弯曲回复性,以及织物的剪切刚度与弯曲刚度之间的密切联系。Lindberg[47]研究了多种织物的剪切及平板和薄壳的弯曲性能,指出了剪切和平面弯曲简单变形与复杂变形(如起皱织物的薄壳弯曲)之间的关系。早期的这些研究是有一定的局限性的,得到的数据误差也较大。直到 Chu[48]等人研发出光电投影原理的织物悬垂仪,使得织物置于物体之上所形成的悬垂形态的研究奠定了测试基础。在此基础上,Cusick[49]等延续了 Chu 的工作,研究得出了织物弯曲长度与悬垂系数有高度的相关性。另外,Olofson[50]、Behre[51]和 Doblberg[52]等学者在这方面的研究中也做出了许多贡献。悬垂性研究是真正意义上的织物本身特性指标的研究。当然,这些研究都是在织物静态情况下进行的。

20 世纪 70 年代,川端季雄[53]等人开发了 KES-F 测试系统,全面给出了织物的拉伸、剪切、弯曲、压缩、表面特性五大性质,共包括 16 个指标,为研究织物的单项力学性能与悬垂性之间的关系提供了基础标准。丹羽雅子(Niwa)[54, 55]等第一次把织物看成是一种黏弹性体,在他们的模型中开始考虑剪切滞后对悬垂性能的影响。

自 20 世纪 80 年代中期起,在静态悬垂性研究的基础上,有人开始研究动态悬垂性能。在日本,有人对妇女薄褶裙的动态悬垂轮廓美与面料的力学性能的关系做过感官评定,其结论是:在高曲率状态下,动态悬垂与弯曲特征值 B 和 $2HB$ 得出的力学参数 $\lg B$、$\lg 2HB$ 和 $2HB/W_1$ 具有强相关性(B 为弯曲刚度,$2HB$ 为弯曲滞后,W 为面密度),通过分析,当各个值都小时,认为动态悬垂是美的;并且认为动态悬垂美不仅与弯曲特性有关,而且与剪切特性值 $\lg G$、$\lg 2HG$ 强相关(G 为剪切刚度,$2HG$ 为剪切滞后)[56]。胡金莲[57]等第一次将织物的拉伸性能、弯曲性能、剪切性能、压缩性能以及表面摩擦性能联合起来,研究了它们与织物悬垂系数之间的关系,采用逐步线形回归法,研究了织物的力学机械性能与悬垂性之间的关系,认为织物的悬垂系数与 8 个力学指标有关,其中 5 个是与弯曲剪切有关的指标。

1.4.1.2　悬垂形态模拟

20 世纪 90 年代初,人们将研究的焦点由织物的悬垂程度转向了悬垂形

织物飘逸美感及其评价

态方面,出现了多种模拟织物悬垂的方法[58]。Amirbayat 和 Hearle[59]综述了织物悬垂模拟的几种研究方法,指出织物的悬垂形态曲线为双曲线,并强调了织物膜片式应力的重要性。Breen[60]建立了一种粒子模型,将织物看成是由一组质点组成的,这些质点就是经纬纱线的交织点。

1.4.2 织物多向飘逸的现代测试手段和评价

利用计算机技术,为织物多向飘逸(动态悬垂性)的研究创造了条件;采用主因子分析法,除了对织物的悬垂特性进行全面的评价外,同时对织物的悬垂动态飘逸美感也有客观的评价。

1.4.2.1 应用图像处理技术研究悬垂性能

传统的织物悬垂仪是利用光电投影原理来测试织物的面积。20 世纪 90 年代,随着计算机技术的广泛应用,人们开始运用计算机图像处理技术来研究、模拟、测量织物的悬垂性能。Vcongheluwe 和 Kiekens[61]根据悬垂图形的投影面积,以及试样面积上的像素点个数,计算出相关的悬垂性指标。

关于织物动态悬垂的研究,一般是将织物试样放置在支持台上,通过旋转支持台来研究织物的动态特征。当织物旋转时,将织物凸条数目、形态、分布的变化,以及织物形态轮廓的平滑、流畅等,作为评定织物动态悬垂性的依据。支持台的旋转速度是一个重要的参数,代表外界给予织物的能量大小。织物在不同速度下,悬垂形态会有所不同。Stylios 和 Zhu[62]所用的动态悬垂测试系统(M^3),在测试动态悬垂时,使用 43 r/min 和 86 r/min 两种速度。找到能够区分不同织物悬垂性能的旋转速度十分重要。除此之外,对织物动态悬垂形态的研究,大多是从自上而下的投影圈入手。这不够全面,因为织物在实际使用时,织物悬垂时侧向的形态特征对织物的悬垂性能来说也是非常重要的。这就涉及到了悬垂的三维形态。研究织物侧向悬垂形态的工作还比较少。

同一块织物,在不同时间放置在支持台上,其悬垂形态,甚至凸条数目可能是变化的。这就是织物悬垂的时间性,或悬垂的重复可再现性,特别是具有各向异性的织物,在这个方面的表现更加明显。这主要是由于织物放置在支持台上时的最初状态不可能完全相同造成的。如果织物悬垂形态是

织物飘逸美感及其评价

变化的,那么用所得到的悬垂指标进行比较就失去了意义。松平·光男在进行研究时,对每一块织物重复测量了 50 次,将出现概率在 60% 以上的褶裥数作为其固有的褶裥数,进而得到织物在这个固有褶裥数下的各种悬垂指标[63]。

1.4.2.2 悬垂指标评价体系方面新的思想

在建立悬垂指标体系时,遵循的原则是选择有代表性的指标,且能够用较少的指标来全面反映织物的悬垂特性,又要避免单一指标带来的片面性和失真性。

1998 年,徐军等[64]将主因子分析方法应用到织物形态风格的评价上。他们对织物试样的投影照片进行处理,得到了投影面积(A_{Sl})、投影周长(C)、投影等效圆直径(d_e)、投影形状因子(P_e)、长径/短径(K_f)、褶数(N)、动态滞后角(θ_h)和变化率(V)8 个表达织物悬垂美感的悬垂形态特征参数,其中动态滞后角(θ_h)是织物动态悬垂飘逸美感的体现。通过主因子分析,将这 8 个指标综合为悬垂程度、悬垂动态活泼性、悬垂形态不对称性、悬垂动态飘逸美感和悬垂形态 5 个主因子。在这 5 个主因子中,第四主因子反映的是动态滞后角(θ_h)参数,也是较早提出的织物飘逸感的评价指标。这些指标基本上能全面而客观地表达织物的悬垂特性及美观程度。她还利用因子得分对织物进行分类,得到的因子得分图已基本上能辨别出不同类型的织物。主因子分析法在织物悬垂特性指标体系中的应用,为全面、真实地表达织物的悬垂美感做了有意义的探索。

2000 年,郭永平等[65]提出了基于模糊逻辑的织物悬垂聚类分析法。遵循"保证特征矢量中的每一分量尽量保持正交"的原则,郭永平选择了悬垂系数(F)、各瓣的平均张开角(β_{max})、各瓣悬垂的平均深度(β_{min})、各瓣纵向尺寸均匀程度(CV_s)和各瓣宽度方向的均匀程度(CV_θ)、各瓣在圆周上分布的均匀程度(CV_a)和瓣数(n)7 个属性来描述织物的悬垂效果,根据织物悬垂风格的不同,将织物分成 4 个聚类中心,由于主观评价也是具有模糊特点的,采用基于模糊逻辑的分析方法来接近人们的主观评定结果。

2001 年,宗亚宁等[66]根据悬垂美观性是一种心理感觉量的特点,提出了利用模糊相似优先比方法对织物的悬垂性进行分析、评价的思想。首先选择悬垂形态较好的织物作为固定试样,然后将样品与一个固定样品相比较,从而选择与固定样品相似程度较大者。对于研究悬垂性的各项指标对织物风格的影响程度,模糊相似优先比法无疑提供了一种新的思路。另外,赖桑松利用神经网络法,对穿着裙旋转探讨具有更好拟合能力的飘逸模型[67]。

1.4.2.3　悬垂特性与物理力学指标关系的进一步探索

1996 年,徐军等[68]分析了在织物伞式悬垂中悬垂样片切割出扇形三角形的弯曲力学性能,建立了本构方程,通过对本构方程的数学推导,认为旋转速度对悬垂系数的影响遵从负指数方程,即 $F = F_0 - Ae^{-b\omega^2}$。2000 年,郭永平[65]利用自行设计研制的一套基于单片机控制的步进电机调速系统,来模拟织物的动态测试环境,利用计算机控制得到织物在不同转速下的悬垂形态;通过分析织物悬垂特性矢量中各分量与转速的变化曲线,进一步证明悬垂系数与转速的平方符合指数规律。

对织物悬垂性指标评价体系的研究,总的趋势都是以精简、全面为目标。这一方面的理论研究正趋于成熟和完善。对织物动态悬垂性能的理论研究和测试方法尚处于起步阶段。目前,研究人员对织物动态悬垂的研究仍以大量假设为前提,如徐军、郭永平等着重研究转速对织物悬垂形态的影响,与实际情形仍有一定距离,所以对织物动态悬垂性的研究还有很长的路要走。

随着织物的悬垂性理论研究,对面料以至服装的物理仿真研究已提上日程。仿真工作的基本方法是,首先建立织物的力学结构模型,然后通过理论推导和数学计算预测出织物的悬垂形态。织物力学结构模型是建立在对织物悬垂性的大量、深入的研究基础上的,因此,织物悬垂性理论的研究和发展为服装面料的仿真提供了坚实的理论基础[42]。

1.4.3　单向飘逸和多向飘逸比较

织物的飘逸性能可从单向飘逸和多向飘逸两个方面进行分析。前者沿织物长度方向振动并传播能量,为一维振动方式;后者沿织物长度和宽度两个方向同时振动并传播能量,为二维振动方式。这两种织物飘逸性能,虽然都是在自然状态下受力而产生的织物形态变化,但是它们的约束和受力状态不同。

1.4.3.1 多向飘逸(动态悬垂)的特点

织物多向飘逸目前较为成熟的测试方法是动态悬垂性的测定,一般采用伞式圆盘回转的方法,织物除了受到重力外,还受到离心力和风力的作用,测定织物形成平滑和曲率均匀曲面的特性,从而来表达悬垂特性及美观程度。

当圆盘转动时,带动织物回转产生织物曲面形态变化(如边缘波纹和高度)。这种变化除了织物本身外,主要是由离心力和风力的共同作用产生的。虽然空气沿着织物表面流动产生摩擦阻力,但它不是产生飘逸的主要原因。

试样边沿处形成的波浪纹,主要是由织物投影面积缩小造成的,而不是在风力的作用下产生的。评价织物的飘逸性的主因子——动态滞后角(θ_h),主要是圆盘带动织物和风力在织物的凹凸褶皱棱边处的共同作用而产生的。具体地讲,垂直作用织物表面的风力发生在突起棱边处。因此,织物折数和褶皱高度不同,动态滞后角(θ_h)就不同。随着圆盘转速的增大,织物投影面积增大,虽然织物凹凸程度趋于平缓,但是动能和风力增大,所以织物的滞后角也增大。

从测试原理来看,顶端的圆盘处为织物的约束点,织物悬垂的下端为自由端,织物产生飘逸并不在自由端的垂直方向,而是发生在圆周方向上;圆形织物旋转时为一个连续整体,从织物产生滞后位移的方向来看,没有自由端,限制了织物的自由飘荡。因此,它是一个不分织物经纬向的多向飘逸。

在动态悬垂研究中,单纯套用静态的理论分析方法来分析动态效果特征是不适当的,并且很难实现。织物的动态效果不仅包括重力作用使其下垂,而且存在随机速度的惯性扭曲变形等。这使得模型建立和力学关系变得复杂[69]。

1.4.3.2 单向飘逸的特点

单向飘逸主要是沿着织物纵向或横向产生飘动,对梭织物来讲,是沿着经向或纬向产生飘动。织物单向飘逸性能，如旗帜的飘扬、丝巾的飘逸等，织物的一端被约束，另一自由端仅受到重力和风力的作用，产生各种形态的变化。

因受力方式不同，单向飘动分两种形式：一种是牵动织物飘逸，即外力牵引织物约束端移动，带动织物飘动，织物受到空气阻力作用，如行走时丝巾飘逸；另一种是风吹动织物飘逸，即织物约束端固定，风力吹动织物飘动，风为作用力，织物产生反作用力，如旗帜飘扬、人处于静止状态时风吹动丝巾或裙子飘逸。这两种形式的飘动，环境空气的风力都是直接作用在织物的表面，从而使织物产生变形飘逸。

1.5　本书研究的目的和内容

1.5.1　研究目的

通常人们所见到的织物飘逸形态姿态万千，除了飘扬旗帜代表着某种含意外，在服饰上，飘逸更是人们经常用来表达情感和时尚的手段。因此，在纺织界，为了获得满意的织物飘逸性能，经常通过加工技术来改善纤维、纱线和织物的飘逸性能，从而使服饰具有飘逸感。

自古至今，虽然人们利用织物优良的飘逸性，在服饰上获得满意的飘逸感，但是只停留在主观评价上。对于织物的飘逸性能的客观评价指标和测试系统，尚未建立。

织物的飘逸性是一种动态力学性能，飘逸形态主要是以波动曲线形式表现的。这也是为什么人们长期以来对飘逸感如此钟情和追求。它符合了人们实际服用织物的某种审美要求。因此，对织物飘逸形态的基本模型、飘逸波本构方程的建立，以及飘逸标准等相关内容的研究，都具有十分重要的意义。同时，这也是除了动态悬垂性能以外，织物动态性能另一种有价值的在线测试研究内容，实现了模拟织物真实的动态效果，对于织物飘逸性标准的建立以及测试方法的确定具有一定的指导意义。

织物飘逸美感及其评价

1.5.2 研究内容

从织物飘动的方向性来看,最简单的应该就是单向飘逸,它是各种飘逸形式的基础,目前尚没有测定方法和相应的指标。

本书自行设计和制作一个模拟织物单向飘逸的测试系统,首先利用静力学知识,对织物在外力牵动作用下产生的单向飘逸进行受力分析,找出与织物波动弯曲相关的力及其受力方程;根据材料弯曲理论,从纤维、纱线和织物的弯曲原理,分析它们之间的相互关系,以不同的织物弯曲形式来分析产生飘逸弯曲的理论方程;根据波动学知识,从动力学角度分析织物产生波动形态的理论波动方程,特别是对飘逸视觉较为敏感的波速指标进行分析。

织物在飘逸过程中,会对波产生辐射和吸收,因此能量损耗是不可避免的。试样波形的波幅将随着波形传播距离的延长产生衰减。这也是飘逸波形的重要组成部分。本书将对波形的变化规律以及波幅衰减系数的影响因素进行分析,并研究建立波形衰减的飘逸模型。

为了试样波形的分析可比性和数据采集的准确性,在自制的飘逸性能测试装置中,安装自动曝光拍摄定位系统。利用该装置对不同材质的试样进行波形实测,并对试样波形图进行信息采集;将测得的不同试样尺寸、不同频率波形进行分析比较,并对一定长宽尺寸试样进行聚类分析,划定织物飘逸类型,对各类织物进行分析。

根据织物飘逸波形建立的飘逸模型,模拟织物的飘逸形态。

1.5.3 本书创新点

本书的创新点主要表现在以下几个方面:

一是明确织物飘逸性概念,对服饰中常见飘逸形式进行分析归类,寻找出最具代表性和最基本的飘逸形式。

二是设计和制作测试装置,以满足织物外力牵动单向飘逸形式的测试、数据采集以及分析要求。

三是建立织物飘逸性能指标体系,将织物飘逸形态进行聚类和模拟。

1.6 本章小结

（1）织物飘逸性是指由风吹或外力牵动作用下，织物所形成曲面形态变化的特性。按织物飘逸波动方向不同，可分为单向飘逸和多向飘逸两种；其中，单向飘逸按织物所受力的方式不同，又分为牵动飘逸和风吹飘逸两种形式。

（2）从中国古代特别是魏晋南北朝和隋唐时期的古诗、绘画、雕塑中，可见中国古人的"褒衣博带""广袖长裾"是最早利用织物飘逸性来显示服饰的飘逸感。由于受到服饰风格的影响，形成了绘画的"吴带当风"飘逸风格和"曹衣出水"（静态）悬垂风格。

（3）人与自然同情，进而感受到美；飘逸性应用在服饰上产生服饰的飘逸美感，是人们把人情转化成物情，是人与自然融合的审美要求，显示了追求自由奔放、自然飘逸的境界。

（4）对服饰本身而言，飘逸的基本条件，一是造型及其附件应具有较大的活动空间，二是面料轻柔的特性。

参考文献

［1］华梅.中国服饰风格与中国美术［J］.天津纺织工学院学报,2000,19(5):1-5, 19.

［2］国学网(http://www.guoxue.com).十三经周易.系辞下.

［3］国学网(http://www.guoxue.com).宋书,卷30.志第20,卷82.列传第42.

［4］华梅.服装美学［M］.北京:中国纺织出版社,2008:183.

［5］上海市戏曲学校中国服装史研究组.中国历代服饰［M］.上海:学林出版社,1984:95,152-154,52,243,234.

［6］http://www.hudong.com/wiki/%E6%B1%89%E6%9C%8D.

［7］庄立新,王明芳.服装的空间形态辨析［J］.纺织学报,2009,2(30):

95-99.

［8］王晓威. 服装设计风格鉴赏［M］. 上海：东华大学出版社，2008：2.

［9］国学网（http：//www. guoxue. com）. 国学原典. 集部. 全唐诗（下）.
　　897，（上）. 160，（中）. 540，（上）. 612，165.

［10］逯钦立. 先秦汉魏晋南北朝诗［M］. 北京：中华书局，1983：1807，2036.

［11］中华诗词网（poem. negoo. com）.

［12］钱谦. 列朝诗集［M］. 北京：三联书店出版社，1989.

［13］天津社科文学研究所古代室. 中国诗词百科描写辞典［M］. 天津：百花
　　文艺出版社，1987：635.

［14］韩非子集［M］. 吉林：时代文艺出版社，1998：374.

［15］夏于全. 唐诗宋词全集［M］. 卷二. 北京：华艺出版社，1992：1540.

［16］http：//www. wenku. baidu. com. 宋礼. 卷一.

［17］王建民，郭臻. http：//www. aynews. net. cn/article/showarticle. asp?
　　articleid＝130409.

［18］http：//www. ce. cn/kjwh/ylmb/ylysj/200711/06/t20071106_13504713_
　　1. shtml.

［19］赵幼文. 曹植集校注［M］. 北京：人民文学出版社，1998：235.

［20］www. 7788bz. com/11788/aucti.

［21］www. cangcn. com/info/newspm.

［22］www. fjnet. com/shxx/shxxnr.

［23］杨家海. 自然山水自然山水与魏晋士人的飘逸美［J］. 长江大学学报（社
　　会科学版），2007：38-39.

［24］成复旺. 神与物游——中国传统审美之路［M］. 济南：山东人民出版社，
　　2006：22.

［25］张岱年. 中国哲学大纲［M］. 北京：中国社会科学出版社，1982：40.

［26］陈鼓应. 老子注译及评价［M］. 北京：中华书局，1984：102.

［27］陈望衡. 当代美学原理［M］. 北京：人民出版社，2003：205.

［28］钟仕伦. 南北文化与美学思潮［M］. 四川：四川大学出版社，1995：111.

［29］庄立新，王明芳. 服装的空间形态辨析［J］. 纺织学报，2009(2).

织物飘逸美感及其评价

[30] www. ceozxw. com. 艺术品资讯.

[31] 徐继红,张文斌,肖平. 人体与服装特征曲面间面积松量的影响因素[J]. 天津工业大学学报,2009,1(28):27-32.

[32] 陆广夏,孙丽. 服装史[M]. 北京:高等教育出版社,2005(5):27.

[33] 刘凤君. 考古中雕刻艺术[M]. 济南:山东画报出版社,2009(4):153.

[34] http://sc-admin. chinaz. com/tag_tupian/QunZi_7. html.

[35] 尘缘摄影. http://www. mafengwo. cn/i/578227. html.

[36] blog. cdjnjy. com/cyz0121037.

[37] 徐军,姚穆. 织物形态风格评价的主因子分析法[J]. 西北纺织工学院学报,2001,15(5):111.

[38] 科技查新报告. 淄博市科学技术情报研究所. 报告编号:JH085330220.

[39] 王玉清,纪峰. 织物悬垂性理论研究综述[J]. 山东纺织科技,2004,5:50-53.

[40] Perice F T. The Handle of Cloth as a Measurable Quantity. J Text Inst, 1930, 21:377-416.

[41] 纪峰,李汝勤,郭永平,等. 织物悬垂性研究的追踪与展望[J]. 纺织学报,2003,1(24):72-74.

[42] 潘志娟,译. 顾平,校. 维普资讯 http://www. cqvip. com.

[43] Sudnik M P. Rapid Assessments of Fabric Stiffness and Associated Fabric Aesthetics[J]. Textile Inst Ind,1978,65(6):155-159.

[44] Grosberg P. The Bending of Yarns and Plain Woven Fabrics in "Mechanics of Flexible Fibre Assemblies". Alphlen aan den Rijn: Sijthoff & Noordhoff, 1980.

[45] Skelton J. Shear of Woven Fabrics in "Mechanics of Flexible Fibre Assemblies".

[46] Lindberg J. Behre B and Dablberg B. Mechanical Properlics of Textile Fabrics. Part Ⅲ: Shearing and Buckling of Various Commercial Fabrics. Textile Res J, 1961, 31(2):99-122.

[47] Chu C C, Cummings C L and Teixeria N A. Mechanics of Elastle

Performance of Texile Materials. Part Ⅴ: A Study of the Factors Affecting the Drape of Fabrics. The Development of a Drape Meter. Textile Res J, 1950, 20 (8):539-548.

[48] Cusick G E. The Measurement of Fabric Drape. J Text Inst, 1968, 59 (6):253-260.

[49] Olofson B. A general Model of a Fabric as a Geometric-mechanical Structure. J Text Inst. , 1964, 55 (11):541-557.

[50] Behre B. Mchanical Properties of Textile Fabrics. Part Ⅰ:Shearing. Textile Res J, 1961, 31(2):8-99.

[51] Dablberg B, Mechanical properies of textile fabrics. Part Ⅱ: Buckling. Textile Res J, 1961, 31(2):94-99.

[52] 川端季雄. 手感评价的标准化和分析. 2 版. 大阪:日本纤维机械学会. 1980.

[53] 川端季雄,丹羽雅子. 服装与服装生产中的织物性能. 日本纤维机械学会志. 1989,80:19-15.

[54] Niwa M, Seto F. Relationship between Drape-ability and Mechanical Properties of Fabrics[J]. J Textile Machin Soc Jpn, 1986,39(11): 161-168.

[55] Okabe H, Imaoka H, Tomiha T, and Niwaya H. Three Dimensional Apparel CAD System. Computer Graphics(Proc. SIGGRAPH),1992, 26(2):105-110.

[56] Jinlian Hu, Yuk-Fung Chan. Effect of Fabric Mechanical Properties on Drape[J]. Textile Res J, 1998,68(1):57-64.

[57] 匡才远,秦方芳. 织物悬垂性测试及模拟研究[J]. 广西轻工业,2010, 11(144):89-91.

[58] Amirbayst J, Hearle J W S. The Anatomy of Buckling of Textile Fabrics:Drape and Conformability. J Text Inst, 1989,80 (1):51-70.

[59] Breen D E, House D H, Getlo H P. A Particle-based Computational Cloth Draping Behavior in "Computer Visualization of Physical Phe-

织物飘逸美感及其评价

nomenon". N M Patrikalakis Ed Springer-Verlag，1991.

[60] Vanghaluwe L，Kiekens P. Time Dependence of the Drape Coefcient Fabrics. Inst J Clothing Sci Technol，1993，5:5-8.

[61] Stylios G K，Zhu R. The Characterisation of the Static and Dynamic Drape of Fabrics. J Text Inst，1997,88(1):465-475.

[62] 郭宇鹏，余序芬. 织物悬垂性能研究综述[J]. 现代纺织技术，2001,3(9).

[63] 徐军等. 织物形态风格评价的主因子分析法[J]. 纺织高校基础科学学报,1998(1):46-51.

[64] 郭永平. 织物动静态悬垂评价方法研究(D). 2000.

[65] 宗亚宁. 织物悬垂性的模糊相似优先比研究[J]. 郑州纺织工学院学报，2001,(9):7-9.

[66] SANG-SONNG Lai. Objective Evaluation Model of Visual Elegance of Swirl Skirts. Part (Ⅱ) Neural Network Method. J Text Eng，2002,48(4):117-122.

[67] 徐军，姚穆. 织物悬垂性客观评价的研究[J]. 纺织学报,1999(4):11.

[68] 孙炳合，梅兴波，王正伟. 织物弯曲性能研究的动态和新方法[J]. 上海纺织科技,2000,3(28):7-11.

织物飘逸美感及其评价

第 2 章　织物飘逸测试装置及试样基本参数

织物牵动单向飘逸是在驱动机构带动下,沿着织物纵向或横向产生飘动而形成波动形态;对梭织物来讲,是沿着经向或纬向形成自由飘动的形态。自行设计和制作的测试系统,能够使试样以一定的频率形成稳定的波动形态,并且施加的频率可调;然后对波动的试样进行定位自动拍摄,以便于比对分析和数据采集。

本章将介绍自制测试系统的基本原理,分析确定夹头运动参数和试样尺寸范围的原因,介绍所测主要试样的基本参数。

2.1　测试装置工作原理

本装置主要由机械传动部分、电器控制部分和闪光照相三大部分组成。本装置为自行设计制作,通过试验,使用效果良好。

2.1.1　飘逸测试装置基本工作原理

织物飘逸性测试系统为分离体,从空间上看,分为试样波动驱动机构和闪光拍摄两个部分。飘逸性测试的工作现场,要在无风、安静、光线适宜的实验室内(图 2-1)。

飘逸测试系统的各部件关系如图 2-2 所示。

该系统分为机械和电器两个部分,测试装置的传动机构由电动机 1 连接曲柄 2,通过连杆 3 使滑块夹头 4 往复运动,滑块夹头 4 上有试样 11,从而带动试样形成飘逸形态。

织物飘逸美感及其评价

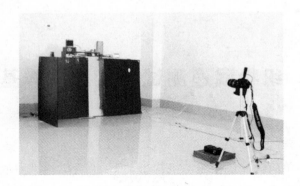

图2-1　测试工作现场

Fig. 2-1　the testing work site

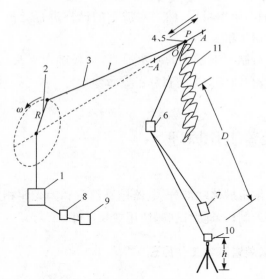

图2-2　测试装置各部件关系示意图

1—步进电动机　2—曲柄　3—连杆　4—滑块夹头　5—霍尔感应元件

6—定位控制系统（MCU）　7—闪灯光　8—步进电动机驱动器

9—调速器　10—照相机　11—试样

Fig. 2-2　schematic diagram of the relationship between

each component of the testing device

1—stepping motor　2—crank　3—connecting rod　4—the slider chuck

5—holzer sensing element　6—MCU　7—flashing light

8—stepping motor driver　9—governor　10—camera　11—sample

当测试装置通电后,脉冲信号发生器向步进电动机驱动器 8 发出脉冲信号,驱动步进电动机按脉冲的频率旋转相应的步距角,使电动机获得转速,并通过控制脉冲的频率,使调速器 9 对电动机进行调速。

当滑块夹头上的强力磁铁经过机架上的霍尔感应元件 5 时,发出数字电压信号,通过光耦合器至单片机中断,驱动相机快门,并通过继电器控制位于照相机前方的闪光灯 7 闪光,将照相机 10 置于手动 M 档,采用 B 门闪光拍照,因此,在闪光的同时,滑块夹头上的强力磁铁磁感霍尔感应元件,拍摄此位置试样飘逸形态。

2.1.2　步进电机及步进驱动器

普通电动机容易受电压、阻力等外界因素的影响,使其转速不稳,造成测试结果的误差。由于试样的质量较小,试样飘逸的负荷也较小,采用 86 步进电动机作为动力源(图 2-3)。

图 2-3　86 步进电动机
Fig. 2-3　86 stepping motor

步进电机是以固定的旋转角度(称为步距角)一步一步运行的,其特点是在不失步的情况下没有积累误差(精度为 100%),所以广泛应用于各种开环控制。步进电机的运行需要一个电子装置进行驱动,把控制系统发出的脉冲信号转化为步进电机的角位移,即控制系统每发出一个脉冲信号,通过驱动器(BY-2HB04)使步进电机旋转一步距角,步进电机的转速与脉冲信号的频率成正比。通过控制步进脉冲信号的频率,使电动机精确稳定调速;通过控制步进脉冲的个数,对电动机精确定位;控制脉冲的频率,即可调节电动机的转速。因此,在非超载的情况下,电机的转速、停止的位置只取决于脉冲信号的频率和脉冲数,而不受负载变化的影响,从而达到准确定位的目的,以及实现滑块夹头的运动平稳性和可靠性,确保织物测试过程中测试结构的可靠性。

在步进驱动器的使能端,加装使能控制开关,可以随时开启和关闭步进电动机。为降低电动机运行噪声,驱动器采用 16 细分。本装置步进电动机为两相 4 A 扭矩为 4.6 Nm,驱动器为电压 36 V,驱动电流为 4.5 A。

2.1.3 曲柄滑块传动机构

该测试系统的驱动机构采用连杆滑块装置,曲轴中心与滑块前后移动端点位于一条直线上,电动机与曲柄连接轴采用弹簧轴,以解决难同轴心问题,因此传动系统为轴向连杆运动(图 2-4);曲柄半径 R 为 40~50 mm,连杆长度 L_L 为 280~300 mm,若选择 $R=44$ mm,$L_L=280$ mm,即 $L_L/R=6.36$。由于 $L_L \gg R$,因此滑块的运动近似于简谐运动[1]。

电动机的转速为夹头的往复速度,选择步进电动机,可保证试验过程中对夹头运动均匀的要求。

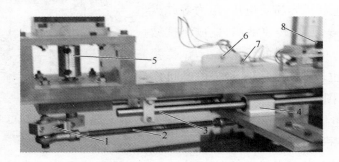

图 2-4   传动机构实物图

1—曲柄　2—连杆　3—导轨　4—滑块　5—电动机轴
6—强力磁铁　7—霍尔磁感应器　8—调速旋钮

Fig. 2-4   physical map of transmission mechanism
1—crank　2—connecting rod　3—guide　4—slide block　5—power-driven shaft
6—a strong magnet　7—holzer magnetic sensor　8—speed control knob

2.1.4 电器控制系统工作原理

该装置的电气控制主要由信号发生器、定位控制系统、相机自拍控制系统组成。电器控制系统部分元器件的剖析实物如图 2-5 所示。电器控制系统工作原理见图 2-6。

2.1.4.1 信号发生器

步进电动机的驱动工作原理如图 2-7 所示。

图 2-5　部分元器件实物

Fig. 2-5　the objects of many components

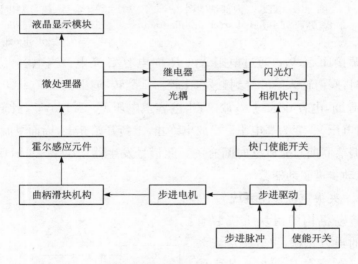

图 2-6　控制系统框图

Fig. 2-6　the block diagram of controlling system

脉冲信号 → 信号分配 → 功率放大 → 步进电机 → 负载

图 2-7　电动机驱动工作原理框图

Fig. 2-7　the block diagram of motor driven operating principle

　　脉冲信号发生器主要由时基电路 NE555 及附属电路构成。NE555 内部结构如图 2-8 所示,信号发生器电路如图 2-9 所示。

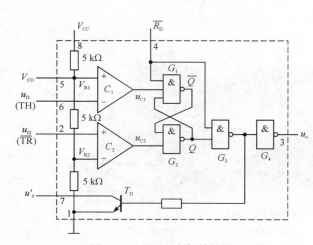

图 2-8　NE555 内部结构图

Fig. 2-8　NE555 internal structure diagram

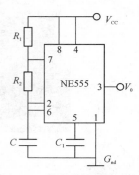

图 2-9　信号发生器电路图

Fig. 2-9　the circuit diagram
of signal generator

电源接通后，Vcc 通过电阻 R_1、R_2 向电容 C 充电。当电容上电 $v_C = 2/3V_{cc}$ 时，阀值输入端 6 受到触发，比较器 1 翻转，输出电压 $V_0 = 0$，同时放电管 T 导通，电容 C 通过 R_2 放电；当电容上电压 $V_c = 1/3V_{cc}$，比较器 2 工作，输出电压 V_0 变为高电平。C 放电终止，重新开始充电，周而复始，形成振荡。其振荡周期与充放电时间有关。此信号发生器产生 2～8 kHz 方波信号，以驱动步进驱动器。

2. 1. 4. 2　夹头定位控制系统

在传动机构的滑块上安装有可移动的强力磁铁，由其感应安装在机架上的霍尔传感器。其中的 CS3144 霍尔开关集成电路是利用霍尔效应原理，由电压调整器、霍尔电压发生器、差分放大器、史密特触发器、温度补偿电路和集电极开路输出级等组成，是一个磁敏传感电路。图 2-10 所示为其功能方框图，输入为磁感应强度，输出是

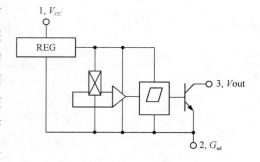

图 2-10　磁敏传感电路示意图

Fig. 2-10　the magnetic sensor
circuit diagram

一个数字电压信号。

当滑块摆动时,CS3144 使用光电耦合器串接上拉电阻,通过光耦将信号接至单片机中断 INT0 接口。

单片机系统采集霍尔感应器的信号,通过分析计算,驱动液晶显示器 12864 显示装置当前的状态,并通过光电耦合器驱动相机快门,通过继电器驱动闪光灯,相机采用 B 门闪光拍照。

2.1.4.3　相机快门及闪光灯驱动

该测试系统使用的照相机为 Canon 数码相机,EOS 500D 型;闪光灯为 YINYAN,BY-32TFZ 型。

整个拍摄过程由单片机进行控制,为了保证闪光摄影的准确性,避免闪光灯、单片机和照相机之间的相互干扰,以及防止单片机信号对相机的影响,在相机和控制电路中间加装一级光电耦合电路,使得单片机输出信号分别通过继电器、光电耦合器隔离后,对闪光灯和照相机快门进行控制。

该装置可实现在夹头不同移动频率和移动范围内的任何位置和时刻的试样飘逸图像拍摄。

2.1.5　照相机位置及测试环境条件

照相机至试样的距离以及离地面的高度,会影响图片采集数据的准确程度,测试环境的光照、温湿度和安静程度也会影响测试结果。

2.1.5.1　照相机位置确定

该试验的试样形态采用正面平角度拍摄,可有利于记录试样形态的对称特性和正面动作姿态。

拍摄距离分照相机与试样的距离和选用镜头焦距的长短两种。在实际拍摄中,可采用两种不同的方法获得同一试样的形态画面,一种是利用较短焦距的镜头在较近的距离拍摄,另一种是利用较长焦距的镜头在较远的距离拍摄。这两种拍摄画面的总体效果不一样,前者,在试样宽度方向的画面景深大,前后影像比例相差较大,但远近距离感较强,画面清晰度较高;后者,则相反。在镜头焦距不变的情况下,拍摄距离的远近影响透视效果,影响试样形态各部位的比例,即轮廓形状[2]。因此,选择适当较远的拍摄距离,线条收缩较弱,有利于减少数据采集的误差。以标准镜头拍摄的画面,其空间透射效果与人眼观察的正常效果最为接近。

人眼的视觉感应大体可分为能觉范围、能辨范围和最清晰范围。一般摄影是将条形试样纳入正常的能辨观察范围,其限度是以视角 60°所构成的视锥被画面相截后所获得关系,由于视距较近,拍摄成像形成锥形光路(图 2-11)。在视域圈以内,物体处于常态透视的视圈,在正常视圈内,视点所看到的最长限度为视圈直径,即试样变形长度 L,其透视保持原长。超出了这个范围,物体透视形状则超常失态,不准确。

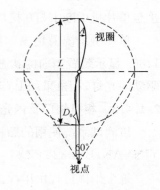

图 2-11　相机位置图
Fig. 2-11　the camera position diagram

根据三角函数关系,试样中心距照相机的最近距离 D_0 应为:

$$D_0 = L/2 \times 1/\tan 30° = 0.87L \tag{2.1}$$

实际拍摄时,还要考虑因为试样宽度造成的长度上两端误差的因素。设试样宽度 B 为 10 cm,长度 L 为 80 cm,图片上的试样长度为 L_T,则试样长度上产生的误差 $(L_T - L)$ 与拍摄距离 D_0 的关系为:

$$L_T - L = B \frac{L}{D_0} = 800/D_0 (\text{cm}) \tag{2.2}$$

可见,拍摄距离越大,误差就越小,若拍摄距离为 200 cm,则试样上下两端各产生 2 cm 的读数误差。

同理,在试样波幅方向也会产生误差,若波幅 A 为 4.4 cm,其误差值 $(L_T - 2A)$ 为:

$$L_T - 2A = B \frac{2A}{D_0} = 88/D_0 = 0.44 \text{ cm}$$

说明试样左右两侧波峰处各产生 0.22 cm 的读数误差。因此,从拍摄图像中读取的数据,应进行修正。

室内拍摄时,由于照相机的角度选择不当,往往会造成变形的问题,结果形成上大下小或下大上小的变形缺陷。产生这些变形缺点的根本原因,是由于感光片的平面与被摄物体的垂直面不完全平行[3]。因此,在相机安放时,要注意水平,并与试样垂直。

2.1.5.2　环境条件

测试环境应为无风和无振动的室内,保证试样不受通风、操作者呼吸及灯光热辐射等影响;测试应在规定的标准大气条件下进行,标准大气的温度为 $20℃±2℃$,相对湿度为 $65\%±2\%$。试样必须预先经过调湿处理。

选用合适的照明系统。根据直射光(硬光)和散射光(软光)的特点,一般在散射光的基础上,增设直射光源,可以形成织物飘逸形态的立体形态。直射光照明下试样的受光面和阴影面之间的明暗对比较大,织物表面反差较大,有利于表现试样的轮廓。直射光一般照明面积较小,光线集中。采用光线投射方向与照相机镜头光轴方向一致的顺光,在顺光照明中,由于试样的正面都受到均匀的照明,试样投影被投在它的背后而被遮挡起来,所以画面很少或几乎没有阴影,画面往往比较明亮。也可采用两个斜侧光照明光源,同镜头构成一定的投射角度,在试样左侧和右侧的前侧方向 45°左右投射出光线,增加试样轮廓的清晰度。

2.2　测试装置的夹头运动参数和试样尺寸选择

飘逸测试装置的夹头频率、振幅和试样尺寸,既影响试样的飘逸形态,又影响测试数据的准确性。尤其是夹头频率、最大移距和试样长度三者应密切配合,既要符合波形曲线各参数的采集,又要使测试设备运转稳定,满足测试的实际要求。

因此,织物飘逸至少要形成一个完整的波形,试样长度要符合常规女士裙长,飘逸速度要与自然风速相仿,同时还要考虑夹头频率、移幅与试样长度的关系。

2.2.1　夹头最大移距确定

在实际测试时,夹头的运动振幅确定应考虑夹头频率和试样长度。从测试装置的运转稳定来看,如果夹头的频率和振幅均很大,则夹头的运动惯性力就大,容易造成设备振动和试样波形抖动,因此夹头振幅不宜过大。从观察试样波形的清晰度来看,夹头振幅过小,试样形成的波形就小,试样不能充分弯曲,不利于波形形态的观察。从试样长度来看,夹头振幅越大,试样形成一个完整循环的波形所需要的长度就大,测试设备所占空间就大。

为了从波形中采集足够的参数,一般要求试样至少呈现出一个波长的波形。实际上,一般裙子的长度约为 80 cm[4],当试样长度为 80 cm 时,考虑到波形弯曲和波尾端的不稳定性,试样末端的不稳定长度一般为 30 cm 左右,因此一个波形的最大波长一般小于 50 cm。因此,综合考虑,本试验选择夹头振幅为 4.4 cm 左右。

2.2.2   试样长度和夹头频率确定

试样长度和夹头频率决定着试样波形的形态,当试样长度和频率达不到形成波的阈值时,试样只能以直线形式摆动,如图 2-12 中试样 1 所示。

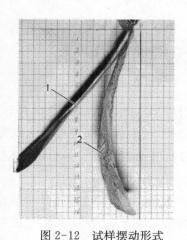

图 2-12   试样摆动形式

Fig. 2-12   the shape of weaving sample

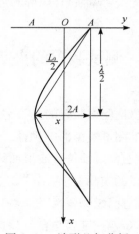

图 2-13   波形几何分析

Fig. 2-13   wave geometry analysis

2.2.2.1   试样长度与夹头频率的关系分析

当试样夹头位于最右端时,假设长度 L_0 的试样恰巧形成一个完整循环的波形,试样波形可近似为一个等边三角形,底边为波长 λ,边长为 $L_0/2$,如图 2-13 所示。由三角形关系得:

$$(L_0/2)^2 = (2A)^2 + (\lambda/2)^2 \tag{2.3}$$

由第三章第二节分析中推导出的波速公式 $u = \sqrt{L_0\left(1-\dfrac{x}{L}\right)g}$,在 $x = \dfrac{3}{4}L$ 处的波速,即为波形长度 L 内的平均波速:

$$u = \frac{1}{2}\sqrt{gL_0} \tag{2.4}$$

因此,试样波长为:

$$\lambda = \frac{u}{f} = \frac{1}{2f}\sqrt{gL_0} \tag{2.5}$$

代入式(2.3)得试样长度 L_0 的一元二次方程:

$$L_0^2 - \frac{2.45}{f^2}L_0 - 16A^2 = 0 \tag{2.6}$$

解方程得:

$$L_0 = \left[\frac{2.45}{f^2} \pm \sqrt{\left(\frac{2.45}{f^2}\right)^2 + 16A^2}\right]/2\,(\mathrm{m}) \tag{2.7}$$

可见,波幅 A 越小,试样长度就越短。当 $A=0\,\mathrm{m}$ 时,公式中取负号,则试样长度为零或试样静止。实际中试样长度不可能为负值,当夹头振幅 $A = 0.044\,\mathrm{m}$ 时,试样长度(m)与频率的关系式为:

$$L_0 = \left[\frac{2.45}{f^2} + \sqrt{\left(\frac{2.45}{f^2}\right)^2 + 0.03}\right]/2 \tag{2.8}$$

试样长度与频率的关系曲线如图 2-14 中曲线 1 所示。

可见,夹头的频率越高,形成一个完整周期所需的试样长度就越短。当频率为 1~4 Hz 时,试样长度见表 2-1。

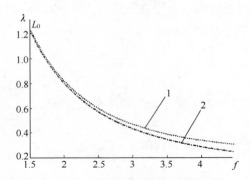

图 2-14　频率与试样长度和波长的关系

Fig. 2-14　the relationship between frequency and sample length and wavelength

表 2-1　频率与试样长度的关系

Table 2-1　the relationship between frequency and sample length

频率 f /Hz	1	2	3	4
长度 L_0 /m	2.028	0.662	0.362	0.272

在以上推导过程中,将波形曲线的弧长近似为弦长,因此,由上式得出的试样长度小于实际试样长度。

从测试装置的尺寸空间考虑,试样长度不宜过长。若选定试样长度为 80 cm,为了在测试过程中能够显示至少一个完整周期的波形,夹头频率范围应为 $f = 2 \sim 4$ Hz。

另外,将式(2.8)代入式(2.5),可得到频率与波长的关系:

$$\lambda^2 = \left[\left(\frac{2.45}{f^2}\right)^2 + \frac{2.45}{f^2}\sqrt{\left(\frac{2.45}{f^2}\right)^2 + 16A^2}\right]\bigg/2 \qquad (2.9)$$

该式说明,夹头频率越大,试样形成的波长就越小,如图 2-14 中曲线 2。可见,频率越高,波形波长与试样长度的差值越大。

这里对式(2.5) $\lambda = \dfrac{u}{f} = \dfrac{1}{2f}\sqrt{gL_0}$ (m) 进行分析,由于平均波速位于 $x = \dfrac{3}{4}L$ 点,无论试样长度 L_0 形成一个还是两个循环波形,该式不变,它表达了波长与频率和试样长度的关系。

当试样长度 L_0 形成一个循环波形时,即波数 $N=1$,波长与频率和试样长度之间的关系如图 2-15 中曲线 $N=1$。在实际波动中,波长与试样长度应满足 $\lambda < L_0$ 的条件,因此,只有当试样长度 $L_0 > \dfrac{2.45}{f^2}$(m) 时才能满足此条件,此时 $L_0 > \dfrac{2.45}{f^2} > \lambda$。试样最小长度 L_0 与频率的关系见表 2-2。

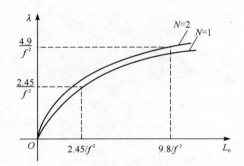

图 2-15　试样长度与波长、频率的关系
Fig. 2-15　the relationship between sample length and frequency and wavelength

当试样长度 L_0 形成两个循环波形时,即波数 $N=2$,试样变形长度 $L=2\lambda$,平均波速位于 $x=\dfrac{3}{4}L=\dfrac{3}{2}\lambda$ 点,由式(2.5)可知,当试样长度 $L_0 > \dfrac{9.8}{f^2}$ $> 2\lambda$(m) 时才能满足 $2\lambda < L_0$ 的条件,其中 λ 为平均波长,如图 2-15 中曲线 $N=2$。试样最小长度 L_0 与频率的关系见表 2-2。

从表中可见,夹头频率越高或波数越多,所需试样最小长度越短。

以上分析是在没有考虑空气阻力等阻尼作用的前提下,推导出的波长 λ 与频率 f 的理论公式,实际波长一般小于理论波长值。

表 2-2　试样最小长度 L_0 与频率的关系

Table 2-2　the relationship between the least sample length L_0 and frequency

频率 f/Hz	波数	1	2	3	4
最小长度 L_0/m	$N=1$	2.450	0.613	0.272	0.153
	$N=2$	9.800	2.450	1.089	0.613

在实测中,当夹头频率为 3.9 Hz、试样宽度为 12.4 cm 时,观察试样长度分别为 40 cm、50 cm、60 cm 三种波形的波长变化(图 2-16)。

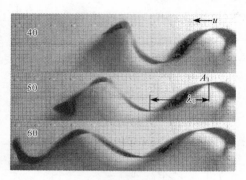

图 2-16   三种试样长度的波长实测比较

Fig. 2-16   the testing comparison of wavelength of three sample length

可见,试样宽度和夹头频率一定时,试样越长,波长也越长,但是理论计算值与实际值存在一定差别。如从实测图形可见,夹头频率为 3.9 Hz 时,试样长度 60 cm 已形成两个波形;而从表 2-2 中可见,当夹头频率为 4 Hz,$N = 2$ 的试样最小长度应为 0.613 m。

2.2.2.2　夹头频率与视觉舒适关系

织物飘逸波速度影响人们的视觉评价,适合的飘逸波速是观察者视觉舒适的重要因素之一。由飘逸织物发出或反射的光在人的视网膜上所形成的光像,会在人的视觉中保留一段时间,即使飘逸波从视野中消失,所形成的光像也不会马上消逝。这种现象称为视觉滞留效应。一般物像的滞留时间为 $0.05 \sim 0.2$ s[5]。由于人眼视觉神经的反应速度为 1/24 s,即 24 帧/s,当播放静态画面的频率大于 24 幅/s,眼睛就不会感觉到画面的中断。对于飘逸测试而言,如果夹头的速度达到该速度,人眼将无法辨认试样波形曲线,因此夹头频率应远小于该值,以便能够清晰观察到织物的飘逸形态,并且不会产生视觉疲劳。

织物优美的飘逸波是不会产生视觉疲劳的。欲得到准确的视觉疲劳是很困难的,因为视觉疲劳不可能从整体上进行测量[6]。在飘逸性能测试时,视觉疲劳除了与照明、试样色彩、观察人员的眼睛和观察时间外,主要与夹头频率、视角和视距有关。

通常人们感觉的物体运动快慢是以速度来衡量的,实际上人眼感受到的速度感并不是线速度,而是角速度。视觉角速度会影响视觉舒适性。因为受刺激不同,视网膜细胞位置的变化在人眼中是一种角度的变化。因此,织物与观察者的空间位置不同时,存在"近快远慢、正快侧慢"的感觉。由此可见,在不同的位置(不同的角度、不同的距离)观看相同运动速度的织物,会有截然不同的速度感。

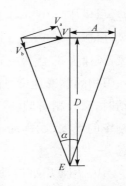

图 2-17　视觉速度感关系图

Fig. 2-17　the relationship diagram of visual speed sense

如图 2-17,人眼位置 E 距试样的距离为 D,视角为 α,试验夹头的运动速度为 V,由 V 产生的角速度 ω_S 的表达式为[7]:

$$\omega_S = \frac{V\cos(\alpha/2)}{D/\cos(\alpha/2)} = \frac{V\cos^2(\alpha/2)}{D} \tag{2.10}$$

可见,夹头的速度越大或视角越小或视距越小,则视觉角速度 ω_S 就越大,观察者就越感到视觉不舒适,甚至产生视觉疲劳。

当运动方向与眼睛视线垂直时,角速度最大,能感觉到很快的运动速度;当 $\alpha = 0$ 时,为夹头在平衡点的最大速度,即 $V = A\omega = 2\pi A f$,根据上式,试样在视觉舒适区飘动的速度为 $V = D\omega_S$,夹头振幅 $A = 0.044$ m,由于最舒适视野值的速度感,即舒适区[8]一般在 2 rad/s 以下,若选 $\omega_S = 2$ rad/s,因此,视觉舒适区的夹头最大往复速度,即频率为:

$$f = \frac{D\omega_S}{2\pi A} = 7.07D\,(\text{Hz})$$

若在 1 m 处观察试样的运动,则视觉舒适区的夹头最大往复频率为 7 Hz。

2.2.2.3　夹头频率与风速的联系

人们通常利用陆地上的物像来判断风力的大小,而织物飘逸感与风力存在密切的联系。由风力等级表[9]可知：当树叶微动和烟雾随风轻飘时为 1 级轻风，风速为 0.3～1.5 m/s；人感觉到有风和树叶小动的风力等级为 2 级轻风，风速为 1.6～3.3 m/s；使旌旗展开、树枝摇动不息的风力已达到 3 级微风，风速为 3.4～5.4 m/s。

织物的飘逸速度虽然不能等同于风速，但是与风速有关联。夹头低速运动时，试样稍有倾斜，试样曲率很小，相当于 1 级轻风作用状态；随着夹头频率的增大，试样曲率增大，波数增加，相当于 2 级或 3 级的风力作用状态。

当夹头刚开始带动织物微动飘逸时，相当于风速至少为 0.3 m/s。假设该速度与织物运动速度相等，夹头最大移动距离为 9 cm，则夹头频率为：

$$f = \frac{V}{2\pi A} = \frac{V}{0.09\pi} \approx 3.5V = 3.5 \times 0.3 = 1.05(\text{Hz})$$

因此，从风力作用等效于夹头作用的角度来看，1 级轻风（0.3 m/s）吹动织物飘逸近似于夹头带动试样往复频率为 1.05 Hz。

2.2.3　试样宽度确定

试样的宽度影响到拍摄试样变形长度的准确度。照相机的高低位置位于试样长度的中间，由于照相机采用正面拍照，试样宽度影响试样上下两端的刻度准确程度。图 2-18 中，设试样 2 的长度为 L，宽度为 B，试样前沿透视到刻度板 1 上的长度为 C，$D - D_0 = B$，试样长度所产生的误差为：

$$C - L = 2(D - D_0)\tan\frac{\alpha}{2} = B\frac{L}{D_0}$$

$$(2.11)$$

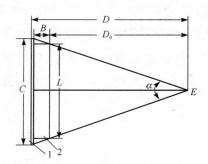

图 2-18　试样宽度透视示意图
Fig. 2-18　the perspective diagram of sample width

从试验观察试样形态来看，试样宽

度 B 越窄,试样长度 L 越短,拍摄点 E 距离试样越远,误差就越小。

　　试样宽度影响波形的形态。当驱动机构的曲柄转动频率为 3.9 Hz 时,电力纺的宽度分别为 5 cm、10 cm、15 cm,长度为 80 cm 的波形图比较,如图 2-19 所示。

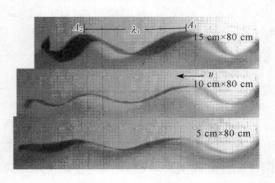

图 2-19　不同宽度的波形比较
Fig. 2-19　the comparison of wave shape with different wavelength

　　可见,若试样过宽,试样上下两端在背面刻度板上的误差越大,同时,由于景深太大,标尺数字越不清晰;若试样过窄,飘动时试样会出现横向扭转现象,造成读数误差。因此,选择测试宽度为 100 mm,试样形态较为规范,并且使试样尽量靠近刻度板,以减少读数误差。

2.3　飘逸测试装置的操作方法

　　织物飘逸性的测试是否准确,除了与试样尺寸、夹头频率、光线亮度、照相机与试样间距和实验室温湿度有关外,还与试样结构的规整、表面平整度、尺寸精确度和操作规范有关。

2.3.1　试样准备

　　本试验需要的试样尺寸较大,试样除了满足和其他试验相同的回潮率要求外,还应保持试样表面不褶皱,经纬纱线垂直,无纬斜和经斜现象。本测试选择试样尺寸为长度 80 cm、宽度 10 cm,为了便于夹头握持,长度应多留 2 cm(图 2-20)。

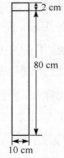

图 2-20　试样图
Fig. 2-20　samples

剪裁时要留有余地,便于拆边线后达到要求的尺寸。每一种试样准备3块,并且分清经纬向,标记经向或纬向,以免方向混淆。在试样80 cm处画出平行于宽度方向的标记线,以便夹头准确夹持,同时对每个试样进行编号,方便拍摄图像相对应。

2.3.2　装置控制调试和试样安装

选择照相机与夹头的距离 D 为 2.3 m,与地面的高度 h 为 0.48 m,如图 2-18所示,使照相机镜头位于试样的中间高度。连接快门控制线,并检查快门使能开关处于关闭状态。采用手动方式移动滑块,检查夹头移动动程是否与刻度板上的刻度线一致,曲柄朝向机前或机后时,夹头应位于平衡线位置。初步设置强力磁铁位置,因为需要拍摄夹头位于平衡线位置的波形,应将强力磁铁初步位于中间位置。调节房间照度为 5 lx 左右,处于略暗的环境。

检查各部件正常后,打开电源开关,步进电动机转动,无夹持试样的夹头开始往复运动。首先通过调速器,检查和调节夹头的运动频率;然后打开闪光灯和照相机开关,最后通过闪光使能开关进行拍摄,检查和调整强力磁铁位置,使拍摄的夹头图像中,夹头应位于平衡线位置。

在夹头中安放试样时,应将闪光使能开关、闪光灯和电动机使能开关都关闭,将夹头旋转朝上(图2-21),一只手捏开夹头,另一只手将试样头端放于夹头口,注意标记线应为夹头的握持线,不能夹偏,夹头的握持力应足够大,以防试样滑脱。

图 2-21　夹头朝上安装试样
Fig. 2-21　samples with chuck up

试样夹持于夹头后,将夹头 1 回转朝下(图 2-22),使握持线保持水平,拧紧螺栓 2,将夹头与滑块单臂杆 4 固定,再用固定挂钩 3 锁定夹头,以免夹头运动时螺栓松动。最后对照刻度板 6 检查试样长度是否有误。

2.3.3　闪光拍摄波形

试样安放就绪后，首先打开电动机开关，试样开始随夹头摆动，观察试样波动处于平稳后，打开闪光灯开始充电，随后接通闪光开关，相机 B 门打开，等待定位器信号触动闪光灯自动闪光，快门打开拍摄。

实验室内照度要适合，如果室内光线太暗，镜头测不到光线，快门不能打开；相反，若室内光线太亮，若达到 B 门的曝光量，相机将自动拍摄出模糊的图像。

图 2-22　夹头部件示意图
1—夹头　2—螺栓　3—固定挂钩
4—滑块单臂杆　5—夹头水平调节　6—刻度板
Fig. 2-22　the diagram of chuck
1—chuck　2—bolt　3—fixed hook
4—the slider arm rod
5—chuck level adjustment
6—scale plate

同一试样和频率，一般需要自动闪光拍摄 3 个波形图像，记录图像号码，以便分析对照。一般情况下，3 个图像的波形均为夹头移动到同一位置时拍摄得到的，因此，正常情况下波形几乎相同。将 3 个波形中测得的参数数据计算出平均值，可找出更为规范的代表波形采集数据。

2.3.4　采集数据

飘逸测试装置夹头频率和最大移动距离为给定的已知参数。将相机拍摄的图像传到计算机中，记录波形的半波波幅、半波波长，以及第一、三半波间距离和试样波动变形长度等参数，以供分析使用。

由于试样结构的均匀程度有差异，有的织物在织造或整理拉幅时出现纬斜，以及试样夹持标记线画斜或夹持不规范等，会造成试样波动偏离平衡线的异常现象。另外，当试样固有频率与夹头频率接近时，也会出现波形异常。这种现象，特别是在试样的尾部，会发生摆尾、翘尾，并且会影响末端波形的稳定。因此，一般以试样上端波形的参数作为主要分析数据。

2.4　试样基本参数测定

为了全面地反映织物的飘逸性能,收集了棉、麻、丝、毛天然纤维织物和化纤织物,尽可能做到研究对象具有代表性和全面性。为了减少测试数据误差,每一项测试结果均为 10 次的平均值。

2.4.1　测试仪器名称及规格

(1) 数字式织物厚度仪:YG(B)641D 型,测试标准 GB 3820—1999。

(2) 电子天平:CP214 型。

(3) 织物密度分析镜:Y511(B)型。

(4) 纤维细度分析仪:CU-6 型,测试标准 GB/T 20732—2006。

(5) 自动织物硬挺度实验仪:YG(B)022D 型,测试标准 ZB W04003—87。

(6) 烘箱:Y(B)802N 型,测试标准 GB/T 9995。

2.4.2　基本参数测试方法

织物各参数的测试方法,参照纺织材料学[10]和纺织材料实验教程[11],以及说明书和相关技术标准。

2.4.3　试样规格参数

各试样的规格和基本参数见表 2-3。

2.5　本章小结

(1) 本章介绍了飘逸测试装置工作原理,选择有利于夹头频率稳定的步进电动机,并采用单片机、光电耦合器和磁敏感应器等设计制作电器控制电

表 2-3　试样规格和基本参数

Table 2-3　the specifications of samples and essential parameters

编号	名称	原料	组织	密度/根·cm⁻¹		直径/μm		面密度 /g·m⁻²	厚度/mm	R_F
				经密	纬密	经纱	纬纱			
12	涤丝彩旗绸	涤纶	平纹	33.0	23.5	203.0	51.0	40.7	0.08	34
21	真丝双绉	真丝	平纹	53.0	22.5	82.0	106.0	90.9	0.14	11
22	真丝乔其纱	真丝	平纹	42.0	35.0	80.3	98.8	23.4	0.04	3
23	真丝印花纱	真丝	平纹	47.0	42.0	56.0	52.0	24.4	0.08	8
24	真丝电力纺	真丝	平纹	50.0	45.5	149.3	166.0	36.9	0.08	13
25	涤棉布	涤纶	平纹	36.5	22.5	285.0	133.0	36.2	0.08	27
26	白涤丝绸	涤丝	平纹	41.5	29.5	203.0	51.0	36.8	0.08	33
27	烂花绡	经锦纬丝	烂花	40.0	21.0	47.3	92.3	79.6	0.06	10
28	织锦缎	经丝纬黏	5枚2飞缎纹	48.0	40.0	157.0	206.0	138.2	0.32	281
29	麻印花纱	麻	平纹	28.0	28.0	121.7	172.0	23.4	0.04	8
30	真丝弹力绉	真丝	平纹	37.0	37.0	74.0	139.0	48.7	0.12	21

织物飘逸美感及其评介

（续　表）

编号	名称	原料	组织	密度/根·cm⁻¹		直径/μm		面密度/g·m⁻²	厚度/mm	R_F
				经密	纬密	经纱	纬纱			
31	真丝印花绸	真丝	2/2 ↗	41.0	40.0	83.0	125.9	54.3	0.07	13
32	真丝缎	真丝	5枚3飞缎纹	50.0	51.0	80.3	70.7	71.5	0.16	41
33	真丝乔其纱	真丝	平纹	50.0	35.0	73.3	74.0	39.9	0.08	6
34	轻真丝纱	真丝	平纹	38.0	37.0	67.0	78.3	42.8	0.17	9
35	生丝洋纺	真丝	平纹	38.0	38.0	107.0	92.0	35.9	0.12	202
36	麻布	麻	平纹	10.0	32.0	287.0	484.3	172.3	0.28	160
37	涤纶涤层布	涤纶	2/1 ↗	36.0	29.0	92.3	354.0	134.4	0.30	246
39	涤丝彩旗绸	涤纶	平纹	37.0	24.0	160.7	399.0	47.3	0.12	30
40	尼丝彩旗绸	锦纶	平纹	25.0	22.0	232.0	414.3	28.5	0.08	13
41	贡丝锦	毛/丝	山形	36.0	27.0	331.3	178.7	134.3	0.28	11
42	毛呢	羊毛	4枚	35.0	30.0	200.0	289.7	207.1	0.34	70
43	全毛呢	羊毛	1/2 ↗	40.0	30.0	281.0	197.0	162.4	0.35	62

（续　表）

编号	名称	原料	组织	密度/根·cm⁻¹		直径/μm		面密度/g·m⁻²	厚度/mm	R_F
				经密	纬密	经纱	纬纱			
44	涤丝呢	涤纶	平纹	28.0	17.0	147.7	312.3	163.2	0.32	29
45	全毛凡立丁	羊毛	平纹	32.0	20.5	305.3	242.3	216.4	0.38	76
46	涤丝绒	涤纶	5 枚 3 飞缎纹	25.5	20.5	288.0	678.0	197	0.40	319
47	黄棉细布	棉	平纹	44.0	35.0	153.0	201.7	76.9	0.12	22
48	白棉布	涤棉	平纹	36.0	23.0	127.7	106.0	86.8	0.11	61
49	白棉细布	涤棉	平纹	36.0	23.0	127.7	106.0	86.8	0.10	58
50	羽纱	锦纶	5 枚 3 飞缎纹	31.0	24.0	223.7	510.3	78.5	0.12	154
51	涤丝绸	涤纶	平纹	41.0	29.5	190.0	249.7	58.48	0.08	82
52	蓝真丝纺	真丝	平纹	48.0	40.0	96.0	242.0	25	0.06	11
53	棉条绒	棉	平纹			100.7	99.3	153.3	0.39	42

注：弯曲刚度 R_F 的单位为 mN·cm。

织物飘逸美感及其评价

路,使得夹头在任何位置都能够自动快门闪光拍摄,提高了飘逸波形拍摄的准确度,方便了图片中试样的数据采集和比较。

(2) 夹头的运动振幅确定取决于夹头频率和试样长度。试样长度一般要考虑常见的裙子长度和实验空间条件,一般选择 80 cm;考虑到试样飘逸时至少呈现出一个波长的波形,选择夹头振幅为 4.4 cm 左右。夹头的频率越高,形成一个完整周期所需的试样长度就越短;同时,还要考虑观察者的视觉舒适程度,若在 1 m 处观察试样的运动,则视觉舒适区的夹头最大往复频率为 7 Hz。另外,从风力作用等效于夹头作用的角度来看,1 级轻风(0.3 m/s)吹动织物飘逸近似于夹头带动试样往复频率为 1.05 Hz。综合考虑,一般夹头频率以 1~4 Hz 较适宜。

(3) 选择测试宽度影响到读数的误差,一般选择 10 cm,试样形态较为规范,以减少读数误差。

(4) 测定了数种试样的规格和基本参数。

参考文献

[1] 刘裕瑄,陈人哲. 纺织机械设计原理(下册)[M]. 北京:纺织工业出版社,1981:75.

[2] 郭艳敏. 摄影构图[M]. 北京:北京广播学院出版社,2002:61.

[3] 唐光波. 印相与放大技术[M]. 上海:上海人民出版社,1974:58.

[4] 蒋金锐. 裙子设计与制作[M]. 北京:金盾出版社,2001:125.

[5] 闫广军. 视觉生理特性在显示技术中的应用[J]. 沧州师范专科学校学报,2001,1(17):38-40.

[6] Peter A. Introduction to the Experimental Study of Visual Fatigue [J]. Stapte Journal Jan, 1991,100(1):33-41.

[7] 佴晓东,谭南林,戴明森. 司机的速度感与视觉疲劳[J]. 人类工效学,2000,(6):21-23.

[8] 李明华. 视觉视野对行车安全的影响[J]. 汽车与安全,2004,4:16-18.

[9] 温克刚. 中国气象灾害大典:天津卷[M]. 北京:气象出版社,2008:252.

[10] 姚穆. 纺织材料学[M]. 北京:中国纺织出版社,2009.

[11] 赵书经. 纺织材料实验教程[M]. 北京:纺织工业出版社,1989.

第 3 章　织物飘逸基本原理

　　单向飘逸是模拟自由悬垂的织物在驱动机构的带动下,试样产生的辐射波动形态。从静力学角度看,织物在外力作用下产生变形,实际上是织物中的纤维、纱线和织物本身发生弯曲、剪切和拉伸等变形而形成的。这与材料力学分析相类似。

　　当试样被施加动力荷载时,试样加速度所引起的惯性力对试样变形有明显的影响,试样上端的荷载并不能引起下端试样的立即响应,试样每一点的响应随时间而变化。本章主要从静力学角度对飘逸弯曲的织物进行受力分析,并从动力学角度对织物产生的波动形态进行分析。

3.1　织物飘逸静力学分析

　　试样在某一时刻形成波形,可视为试样在静荷载作用下发生变形,如纺织材料的拉伸过程,加载过程是缓慢的,惯性效应可忽略不计。当试样局部受到荷载后,整个试样上各部分的响应立即完成,而不需要时间过程,试样各部分都处于静止平衡状态,因此可从静力学角度对飘动试样进行分析。

3.1.1　水平方向受力分析

　　条形试样可以看成大量体积元的集合,每个体积具有一定的质量,各体积元之间存在相互作用,使织物波动得以传播,体积元的惯性使波动以一定的速度传播,使得条形试样形成波浪形的状态。

　　当试样波动的外力方向垂直于试样轴向时,厚度为 τ 的试样将产生剪切波和弯曲波(图 3-1):前者,试样断截面之间只有左右剪切,没有疏密变化,也称为纯横波;后者,试样相邻断截面之间有相对移动,同时也有相互转动,以致在中心面产生剪切变形,试样的两个表面层的纤维存在拉稀和压紧[1]。织物飘逸弯曲时,一般认为剪切波和弯曲波同时存在,分析时应视具体情况选择相应的方法。

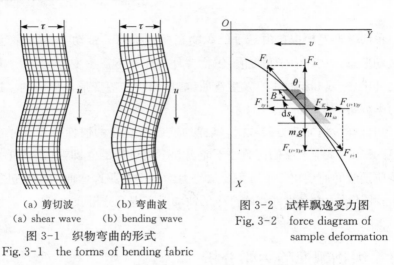

(a) 剪切波　　　　(b) 弯曲波
(a) shear wave　　(b) bending wave
图 3-1　织物弯曲的形式
Fig. 3-1　the forms of bending fabric

图 3-2　试样飘逸受力图
Fig. 3-2　force diagram of sample deformation

　　当试样飘动达到稳定时,在平衡点 O 左侧的波动试样中任选一体积元 dS,宽度为 B,以 dS 段向左运动进行受力分析,设铅垂方向为 X 方向,水平方向为 Y 方向(图 3-2)。设体积元的上端拉力为 F_i,下端拉力为 F_{i+1},空气阻力为 F_K,试样质量为 m_i。

　　如图 3-2 所示,设 dS 段上各种受力向下为正。当试样以一定速度摆动达到稳定时,该段试样只做水平运动,而不做垂直运动,根据静力学知识,则 X 坐标轴方向的受力方程为:

$$F_{ix} = m_i g + F_{(i+1)x} \tag{3.1}$$

　　$F_{(i+1)x}$ 为某起始点以下的试样拉力,随着波形向下传递,$F_{(i+1)x}$ 将逐渐减小,试样最上端 $F_{1x} = mg$,试样末段 $F_{nx} = m_n g$。不难看出,体积元上端拉力的垂直分量 F_{ix} 决定波长的长短。若 F_{ix} 越小,则波长越短。因此,波长沿试样自上而下逐渐减小。

3.1.2　垂直方向受力分析

当试样以一定速度摆动达到稳定时,该段试样体积元只做水平运动,根据动静法,作用在体积元 dS 上的动载荷是附加动载荷与静载荷之和。Y 坐标轴方向的受力方程为:

$$F_{iy} = m_i a + F_{(i+1)y} + F_K \tag{3.2}$$

体积元上端水平分量 dF_{iy} 决定波幅的大小。若试样质量 m_i 或空气阻力 F_K 越大,dS 的水平分量 F_{iy} 越大,则波形的波幅就越大。如图 3-3 所示,试样 1 为印花真丝乔其纱,试样 2 为重磅真丝绸,尺寸均为 18 cm×5 cm,转速为 180 r/min,可见重磅真丝绸的波幅明显大于印花真丝乔其纱。

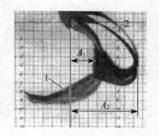

图 3-3　不同质量的波幅比较
Fig. 3-3　the comparison of amplitudes with different qualities

式(3.2)中 $F_{(i+1)y}$ 为 dS 段下端拉力的水平分力,随着试样自上而下张力逐渐减小以及系统能量消耗,$F_{(i+1)y}$ 和 a 将逐渐减小,因此波幅产生衰减。在试样末端 $F_{n+1} = 0$,则 $F_{(n+1)y} = 0$,故最末第 n 段条样在水平方向的受力方程为:$F_{ny} = m_n a + F_K$。

(1)加速度的影响。驱动机构的夹头圆频率 ω 越大,体积元 dS 上端的水平分量 F_{iy} 越大,则波形的波幅就越大;试样中任意 dS 段在波形两端的波峰点加速度最大,向中心点移动时逐渐减小,在中心点时为零,此处 dS 段的 Y 坐标轴方向的受力方程为:

$$F_{iy} = F_{(i+1)y} + F_K \tag{3.3}$$

因此,体积元 dS 在不同的位置或时刻,其加速度不同。

(2)空气阻力的影响。空气阻力[2] F_K 与空气阻力系数 C_0、空气密度 ρ_0、试样迎风面积 dS 和试样与空气的相对运动速度 V 有关。由于试样质点在动程两端处的速度为零,则空气阻力也为零,越向动程中心点处靠近,运动速度越大;在中心点处的运动速度为最大,故试样的空气阻力最大。

（3）试样曲率的变化。由于 dS 段在运动过程中的受力是变化的,因此 dS 段的倾斜角在波形的每处也是变化的。

当 dS 段在波形右端的波峰点处,虽然倾斜角为零(垂直),但是其上端 F_i 和下端 F_{i+1} 的水平分力为同一方向,均指向左侧;此时此地,dS 段的加速度 a 最大,因该点的织物速度为零,则空气阻力也为零(假设空气不流动),因此,Y 坐标轴方向的受力方程为:

$$F_{iy} + F_{(i+1)y} = m_i a = m_i R \omega^2 \tag{3.4}$$

式(3.4)中,ω 为试样体积元的圆频率。当 dS 段在波形中间处,上端 F_i、下端 F_{i+1} 的水平分力和空气阻力均为最大,倾斜角度也最大。

3.2　纤维、纱线和织物弯曲性能分析

织物的刚柔性、悬垂性、抗皱性与起拱变形,一般可统称为织物的弯曲性能,织物的飘逸性也应属于织物弯曲性能的范畴。织物飘逸时实际上是纱线和纤维发生弯曲,织物中纤维不同或纱线的结构不同,都将影响织物的弯曲刚度,即影响织物的飘逸性能。

3.2.1　纤维弯曲性能

3.2.1.1　不同纤维材质的弯曲性能

设纤维的密度为 γ（g/cm^3）,纤维的线密度为 N_{dt}（dtex）,则纤维线密度和半径 r 的换算公式为:

$$r^2 = \frac{N_{dt}}{\pi \gamma} \times 10^{-4} \tag{3.5}$$

根据纤维材料学中弯曲性能的理论,设纤维截面形状系数为 η_f,即纤维实际截面惯性矩 I_f 与转换成正圆形时的惯性矩 I_0 之比值,当纤维截面为圆形时,$\eta_f = 1$;E_f 为纤维的弯曲弹性模量（cN/cm^2）,则纤维的弯曲刚度

$R_f(\text{cN} \cdot \text{cm}^2)$ 为：

$$R_f = E_f I_f = \frac{1}{4\pi} \eta_f E_f \frac{N_{dt}^2}{\gamma^2} \times 10^{-8} \tag{3.6}$$

为了纤维之间相互比较，采用单位线密度（tex）的纤维弯曲刚度，即相对弯曲刚度 R_{fr}（$\text{cN} \cdot \text{cm}^2 / \text{tex}$），则：

$$R_{fr} = \frac{1}{4\pi} \eta_f E_f \frac{1}{\gamma^2} \times 10^{-10} \tag{3.7}$$

不同纤维的弯曲性能参数见表 3-1。

表 3-1　不同纤维的弯曲性能参数[3]

Table 3-1　the bending parameters of different fibers[3]

纤维种类	η_f	γ /g·cm^{-3}	E_f /cN·cm^{-2}	R_{fr} /cN·cm^2·tex^{-1}
长绒棉	0.79	1.51	877.1	3.66×10^{-4}
细绒棉	0.70	1.50	653.7	2.46×10^{-4}
细羊毛	0.88	1.31	220.5	1.18×10^{-4}
粗羊毛	0.75	1.29	265.6	1.23×10^{-4}
桑蚕丝	0.59	1.32	741.9	2.6×10^{-4}
苎麻	0.80	1.52	2 224.6	9.32×10^{-4}
亚麻	0.87	1.51	1 166.2	4.96×10^{-4}
普通黏胶	0.75	1.52	515.5	2.03×10^{-4}
涤纶	0.91	1.38	1 107.4	5.82×10^{-4}
腈纶	0.80	1.17	670.3	3.65×10^{-4}
锦纶 6	0.92	1.14	205.8	1.32×10^{-4}
锦纶 66	0.92	1.14	214.6	1.38×10^{-4}
玻璃纤维	1.00	2.52	2 704.8	8.54×10^{-4}
石棉	0.87	2.48	1979.6	5.54×10^{-4}

可见，在天然纤维中，羊毛是最柔软的，而麻纤维是最刚硬的；在化纤

织物飘逸美感及其评价

中,锦纶最柔软,涤纶最刚硬。

3.2.1.2　不同纤维截面及其形状的弯曲性能

根据材料力学,在外力矩 M_f 作用下纤维弯曲变形公式为:

$$\frac{1}{r_f} = \frac{M_f}{R_f}$$　　　　　(3.8)

式中:r_f——纤维的曲率半径(cm);

　　　R_f——纤维的弯曲刚度(cN·cm^2),$R_f = E_f I_f$。

在相同的外力矩 M_f 作用下,纤维的弯曲弹性模量 E_f(cN/cm^2)越大,或截面尺寸越大,截面的面积分布离中性层越远,它的截面惯性矩 I_f(cm^4)就越大,使得纤维的弯曲刚度 R_f 越大,则曲率半径 r_f 越大,纤维的弯曲变形越小。因此,较细的纤维弯曲刚度小,弯曲变形较大;异形截面或中空截面的纤维比圆形的化纤的弯曲刚度大。

3.2.2　纱线弯曲刚度

纱线的弯曲刚度(抗弯刚度)R_y,取决于纤维的弯曲刚度和纱线的结构。对于有捻长丝纱而言,假设纤维是相互独立的,根据有捻长丝纱的结构模型,推导出纱线的弯曲刚度[4]:

$$R_y = E_y I_y = n R_f \left[1 - \frac{1}{4} \left(1 + \frac{R_f}{C_f} \right) \tan^2 \alpha \right]$$　　　　　(3.9)

式中:E_y——纱线的弹性模量(cN/cm^2);

　　　I_y——纱线的截面惯性矩(cm^4);

　　　n——纤维根数;

　　　R_f——纤维的抗弯刚度(cN·cm^2);

　　　C_f——纤维的扭转刚度;

　　　α——纱线中外层纤维的捻回角。

若纱线未加捻,即 $\alpha = 0$,则上述模型的表达式为:

$$R_y = E_y I_y = n R_f$$　　　　　(3.10)

实际上,有捻长丝纱中被加捻的纤维抱合在一起,不能自由滑动,因此,实际的弯曲刚度比上式计算值大。

3.2.3　织物弯曲刚度

对织物弯曲性能的研究,最早可追溯到 20 世纪 30 年代,Peirce 首次对织物的力学性能做初步研究,以一种弹性纱线理论模型模拟织物变形。此后几十年间,研究人员大多从织物内部纱线的物理力学特征,通过大量的模型建立、检验、修正和微观因素分析,研究织物弯曲性能,对织物的力学弯曲性能的产生及其影响因素的认识已比较充分,T. K. Ghosh 等人已对此作了系统的总结。20 世纪 90 年代以来,织物弯曲性能的研究重点是向弯曲动态过程、三维立体性等现实特征的仿真研究的方向发展。近几年来对织物动态弯曲特征的研究发现,怎样建立适当的模型模拟织物真实的动态效果,以及用怎样的统一的分析评价指标进行动态弯曲客观性的评价等,是面临的主要困难,单纯套用静态的理论分析方法分析动态效果特征是不适当的,并很难实现[5]。

织物飘逸一般是在小负荷外力作用下而形成织物弯曲。织物弯曲变形的特点,是织物在弯曲变形区内的曲率发生变化,即弯曲半径发生变化。在不考虑纱线交互作用时,假设织物弯曲为最简单的无剪切的经向或纬向弯曲[6],且织物中纱线的弯曲与织物的弯曲方向相同(图 3-4)。

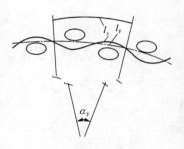

图 3-4　机织物的弯曲
Fig. 3-4　bending of woven fabric

根据力矩合成原理,织物在低负荷下弯曲时,不考虑弯曲滞后量的影响。单位宽度织物的弯矩 M_F 应等于单根纱线的弯矩 M_y 与织物密度 n(根/cm)的乘积,即 $M_F = nM_y$。因此,绝大多数织物的弯矩为:

$$M_F = R_F K_F = nM_y \tag{3.11}$$

式中:R_F ——织物的经向(或纬向)弯曲刚度(cN·cm²/cm);

$\quad\quad K_F$ ——织物的曲率(cm⁻¹),$K_F = 1/r_F$;

$\quad\quad r_F$ ——织物的曲率半径(cm)。

3.2.3.1 织物中纱线有内应力的织物弯曲刚度

如果织物没有经后整理处理,纱线交织屈曲后仍有内应力存在,进行织物的弯曲刚度分析。

当织物弯曲时,织物和纱线的曲率分别为:

$$K_F = \alpha_F / l_F \tag{3.12}$$

$$K_y = \alpha_y / l_y \tag{3.13}$$

其中,α_F 和 α_y 分别为单位组织循环织物和纱线的弯弧对应角。

机织物的弯曲如图 3-4 所示,织物中单位组织循环中纱线的长度 l_y 应大于对应部分织物的长度 l_F。织物中纱线的屈曲缩率 C(织缩率)为:

$$C = \frac{l_y - l_F}{l_F} \times 100 \text{ 或 } l_y = (1 + C/100)l_F \tag{3.14}$$

代入上述两式,得纱线的曲率为:

$$K_y = \frac{\alpha_y K_F}{\alpha_F (1 + C/100)} \tag{3.15}$$

由于织物承受的弯矩为:

$$M_F = R_F K_F = n R_y K_y = \frac{n R_y K_F}{1 + C/100} \times \frac{\alpha_y}{\alpha_F} \tag{3.16}$$

所以织物的弯曲刚度 R_F 为:

$$R_F = \frac{n R_y}{1 + C/100} \times \frac{\alpha_y}{\alpha_F} \tag{3.17}$$

一般情况下,单位组织循环织物和纱线的弯弧对应角的关系为 $\alpha_y > \alpha_F$。

3.2.3.2 织物中纱线无内应力的织物弯曲刚度

经过后整理的织物中,纱线虽仍处于屈曲状态[7],但纱线中已不存在内应力,进行织物弯曲刚度分析。

设纱线的初始曲率为 K_{y0},某一位置的曲率为 K_y,经纱或纬纱的抗弯刚度(弯曲刚度)为 R_y($cN \cdot cm^2$/根),则织物中纱线的弯矩 M_y 为:

$$M_y = R_y(K_y - K_{y0}) = R_y \Delta K_y \qquad (3.18)$$

式中,纱线曲率 K_y 为曲率半径 r_y 的倒数,一般大于或等于 K_{y0}。

(1)当织物没有弯曲,即织物的曲率 $K_F = 0$ 时,织物中纱线的曲率 K_y 为纱线原始曲率 K_{y0}。经过后整理的织物中,纱线虽仍处于屈曲状态,但纱线中已不存在内应力,纱线的弯矩为零。

(2)当织物弯曲时,织物中的纱线之间没有或很少发生滑动,在单位组织循环中,原始无内应力的屈曲纱线继续产生弯曲变形。当织物在外部弯矩 M_F 的作用下形成的曲率为 K_F 时,一根纱线上承受的弯矩为 M_y,由其产生的纱线曲率变化量 ΔK_y 为:

$$\Delta K_y = \alpha_F/l_y = K_F l_F/l_y = \frac{K_F}{1 + C/100} \qquad (3.19)$$

上式是将纱线的弯弧对应角与织物视为相同,纱线的等效曲率半径 r_y 将增加,则相应纱线长度 l_y 相当于直纱线弯曲后的弧长。

由于织物承受的弯矩为:

$$M_F = R_F K_F = n R_y \Delta K_y = \frac{n R_y K_F}{1 + C/100} \qquad (3.20)$$

所以织物的弯曲刚度 R_F 为:

$$R_F = \frac{n R_y}{1 + C/100} \qquad (3.21)$$

式中:R_F ——织物的弯曲刚度($cN \cdot cm^2/cm$);

R_y ——纱线的平均弯曲刚度($cN \cdot cm^2/$根)。

实践证明除少数超高密织物外,绝大多数机织物都服从该式。川端季雄曾经用该式描述纱、布弯曲性能的定量关系[8, 9]。

可见,纱线的弯曲刚度和织物密度是决定织物弯曲刚度最重要的因素,纱线在织物中的充分屈曲可以将织物的弯曲刚度降低。即织物经向(或纬向)的弯曲刚度与该向纱线的弯曲刚度以及该向纱线的排列密度成正比,同时它与该向纱线的屈曲缩率有关,屈曲缩率越大,织物的弯曲刚度越小。

纱线屈曲缩率的大小与另一方向的纱线排列密度及其线密度有关。织

物经纬密度 n 的变化存在两个方向的不同影响,以织物经向弯曲为例:一是当经密增大时,将直接导致经向弯曲刚度增大;二是当纬密越大时,使得经纱的屈曲缩率增加,导致经向弯曲刚度减小。一般来说,纱线的线密度增加,直径变大,织物的抗弯刚度增大。

（3）织物中纱线弯曲的不一致性。由于织物加工工艺的影响和交织点的存在,使得纱线屈曲形态和屈曲后纱线弯曲刚度的不一致性。众所周知,织物弯曲容易发生在薄弱环节,纱线在相互作用紧密的交织区不易产生弯曲(图 3-5),即当织物经向(或纬向)弯曲时,另一个系统的纬纱(或经纱)所占的区域不易弯曲。

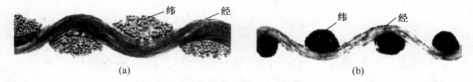

（a）　　　　　　　　　　　　　　　（b）

图 3-5　织物结构示意图

Fig. 3-5　the diagram of fabric structure

设不易弯曲部分所占比例为 η,应扣除这部分的影响,则:

$$R_{\mathrm{F}} = \frac{nR_{\mathrm{y}}}{(1+C/100)(1-\eta)} \qquad (3.22)$$

一般来讲,当织物经向(或纬向)弯曲时,织物弯曲主要发生在纬纱(或经纱)之间的经纱(或纬纱)段。

（4）织物的总弯曲刚度 R_{FZ},可采用经纬向弯曲刚度 R_{j} 和 R_{w} 的平均值表示[10]:

$$R_{\mathrm{FZ}} = \sqrt{R_{\mathrm{j}} \times R_{\mathrm{w}}} \qquad (3.23)$$

3.2.3.3　织物中纱线间相互滑动阻力

上述分析时假设织物交织点为固定点,也可称为焊点,经纬间无相互滑动。实际上,织物中的经纬交织点是活动的,它们对织物弯曲起着重要的作用。

机织物中交织点越多,浮长线越短,经纬纱间的切向滑动阻力就越大,纱线间相互滑动的可能性越小,织物就越刚硬,织物的弯曲刚度越大[3]。

不同织物组织,在相同条件下,纱线屈曲缩率为:平纹＞斜纹＞缎纹。在经纬纱线的线密度相同的情况下,从理论上讲,平纹紧密织物的纱线屈曲缩率为 20.9％。织物组织中,平纹组织最为紧密,交织点最多,织物在弯曲变形过程中,纱线不易滑动,相互接触的纤维之间及纱线之间的摩擦阻力较大,因而织物不易弯曲,抗弯刚度较大。这也是电力纺织物比真丝双绉的抗弯刚度高的一个重要原因。

织物经纬密度增加时,织物刚度随之增加,身骨变得硬挺。经密(或纬密)增加,纬纱(或经纱)的屈曲缩率增加,将导致织物纬向(经向)的弯曲刚度减小;另一方面,织物密度增加,使得交织点处的滑动阻力增大,导致织物弯曲刚度增大。因此,在经向(或纬向)紧度一定的条件下,纬向(或经向)的弯曲刚度一般与纬向(或经向)紧度成正比[11]。

3.2.3.4　织物的弯曲回复性

由于织物是由纱线和纤维构成的,织物弯曲后,每一层纤维的受力情况是不一样的,最外层的受拉应力最大,最里层的受压应力最大,两种力均向中性层方向递减。织物飘逸是在瞬间负荷作用下形成的,纤维的受力并没有大于纤维的弹性极限,而且一种外力连续作用时间极短,缓弹性变形来不及发展,所以处于弹性变形阶段的纤维有随时回复的现象。因此织物弯曲变形后,总有短时间回复弯曲变形而回到原始状态的趋势。

织物的弯曲滞后矩 $2HG$ 表示织物的活络、弹跳性,$2HG$ 越小,织物弯曲变形后的回复能力越好。一般来讲,织物的弯曲刚度越大,弯曲滞后矩越小,则织物的弹性越好,抗皱性能越好,但不容易形成飘动形态。

3.2.4　织物弯曲微分方程

在外弯矩作用下,织物弯曲变形后的曲线称为挠曲线,沿与轴线垂直方向的线位移称为挠度,用 y 表示;相对其原来的位置转过的角度称为转角(滞后角),用 θ 表示。挠度和转角的值都是随曲线位置而变化的。

3.2.4.1　挠曲线的近似微分方程

在讨论弯曲变形问题时,织物弯曲曲线上各处的挠度 y 是坐标 x 的函数,其表达式为织物弯曲的挠曲线方程,即 $y=f(x)$。

由微积分知识可知,平面曲线 $y=f(x)$ 上任一点的曲率表达式[12]为:

$$\frac{1}{r(x)} = \pm \frac{\dfrac{\mathrm{d}^2 y}{\mathrm{d}x^2}}{\left[1+\left(\dfrac{\mathrm{d}y}{\mathrm{d}x}\right)^2\right]^{\frac{3}{2}}} \tag{3.24}$$

由工程材料学知,对于织物飘逸而言,织物是在线弹性范围内,织物上的弯矩 $M(x, t)$ 和曲率半径 $r_F(x, t)$ 均为截面位置 x、t 的函数,即:

$$\frac{1}{r_F(x, t)} = \frac{M(x, t)}{E_F I_F} \tag{3.25}$$

故在某一时刻($t=$ 常数):

$$\pm \frac{\dfrac{\mathrm{d}^2 y}{\mathrm{d}x^2}}{\left[1+\left(\dfrac{\mathrm{d}y}{\mathrm{d}x}\right)^2\right]^{\frac{3}{2}}} = \frac{M(x)}{E_F I_F} \tag{3.26}$$

上式称为挠曲线微分方程,是一个二阶非线性常微分方程,求解是很困难的。如图 3-6 所示,假设织物飘逸弯曲小变形时转角 θ 是一个很小的量,并且,$\left(\dfrac{\mathrm{d}y}{\mathrm{d}x}\right)^2$ 与 1 相比可忽略不计,故上式可简化为:

$$\pm y'' = \frac{\mathrm{d}^2 y}{\mathrm{d}x^2} = \frac{M(x)}{E_F I_F} \tag{3.27}$$

该式为织物飘逸在小变形条件下挠曲线的近似微分方程。显然,挠曲线方程在 x 处的值,等于该处曲线的挠度。

式中 M 是梁的横截面上的弯矩,弯曲刚度 $R_F = E_F I_F$,E_F 是织物的弯曲弹性模量,I_F 是截面对中性轴的惯

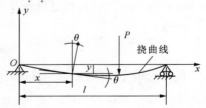

图 3-6　织物弯曲挠曲线形成示意图
Fig. 3-6　the formation diagram of fabric bending deflection curve

性矩。纯弯曲时,挠曲线为圆弧线。

式中左端的正负号的选择,与弯矩 M 的正负符号规定及 xOy 坐标系的选择有关。根据弯矩 M 的正负符号规定,当梁的弯矩 $M > 0$ 时,梁的挠曲线为凹曲线,按图示坐标系,挠曲线的二阶导函数值 $y'' > 0$;反之,当梁的弯矩 $M < 0$ 时,挠曲线为凸曲线,在图示坐标系中挠曲线的 $y'' < 0$。可见,在图示右手坐标系中,梁上的弯矩 M 与挠曲线的二阶导数 y'' 的符号一致。所以,上式的左端应取正号,即:

$$y'' = \frac{M(x)}{E_F I_F} \tag{3.28}$$

上式称为挠曲线近似微分方程。实践表明,由此方程求得的挠度和转角,对工程计算来说,已足够精确。

将挠曲近似微分方程可用直接积分的方法求解,得转角方程为:

$$\theta(x) = y' = \int \frac{M(x)}{E_F I_F} dx + C_1 \tag{3.29}$$

再积分一次,即可得挠曲线方程:

$$y(x) = \int \left[\int \frac{M(x)}{E_F I_F} dx \right] dx + C_1 x + C_2 \tag{3.30}$$

式中 C_1 和 C_2 为积分常数,它们可由试样的约束所提供的已知位移来确定。

3.2.4.2 织物上端受力弯曲滞后变形

根据织物波形传播的规律,织物受力后,织物中各质点的运动方向不同(图3-7)。一个半波内织物左斜和右斜片段的运动方向不同,在试样波动曲线中处于右斜段的织物运动方向是向右运动,而处于左斜段的织物为向左运动;织物自上而下各质点依次拉动传播,当质点运动至波峰处,质点处于暂时静止状态,随其后的质点继续向前运动,也就是说,一个半波

图 3-7 织物质点运动方向示意图
Fig. 3-7 the diagram of fabric particle motion direction

形态并不是受到一个方向的风力而形成的,因此,不能将试样弯曲后形成的一个半波的曲线形态视为由风力作用形成的。

可将织物的这种受力运动方式作为刚性材料的简支梁弯曲进行分析。

当夹头带动试样上端点向右侧移动时(图 3-8),假设试样有足够长,将试样的下端视为固定点,试样上端(夹头端)视为悬臂梁的自由端,其承受集中力 $F(x, t)$ 的作用,使试样弯曲形成滞后角 θ。

假设外力 F 不变,且织物为刚性材料。根据材料力学悬臂梁弯曲原理,分析织物的挠曲线方程和转角方程,并确定其最大挠度 y_{max} 和最大滞后角(转角) θ_{max}。设弯曲刚度 EI 为常数,O 点为暂时固定处。

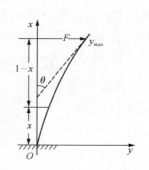

图 3-8   织物悬臂梁弯曲示意图
Fig. 3-8   the bending diagram of fabric over-hanging beam

首先建立挠曲线近似方程并积分。当织物的弯矩 $M < 0$ 时,挠曲线为凸曲线,在图示坐标系中挠曲线的 $y'' < 0$。因此,织物在 x 处的弯矩方程为:

$$M(x) = -F(l - x) \tag{3.31}$$

挠曲线近似方程为:

$$y'' = -\frac{M(x)}{E_F I_F} = \frac{F}{E_F I_F}(l - x) \tag{3.32}$$

一次和二次积分得:

$$y' = \frac{Flx}{E_F I_F} - \frac{Fx^2}{2E_F I_F} + C_1 \tag{3.33}$$

$$y = \frac{Flx^2}{2E_F I_F} - \frac{Fx^3}{6E_F I_F} + C_1 x + C_2 \tag{3.34}$$

确定积分常数。在固定处,织物横截面的转角和挠度均为零,即在 $x = 0$ 处,$\theta = y' = 0$,$y = 0$。将此边界条件代入上式得 $C_1 = C_2 = 0$,再将此常数代入上式,得织物滞后角和挠度方程分别为:

$$\theta = y' = \frac{Flx}{E_F I_F} - \frac{Fx^2}{2E_F I_F} \tag{3.35}$$

$$y = \frac{Flx^2}{2E_F I_F} - \frac{Fx^3}{6E_F I_F} \tag{3.36}$$

最大挠度 y_{max} 和最大转角 θ_{max} 都发生在 $x = l$ 的夹头处（自由端），代入即得[13]：

$$\theta_{max} = \frac{Fl^2}{2E_F I_F} \tag{3.37}$$

$$y_{max} = \frac{Fl^3}{3E_F I_F} \tag{3.38}$$

式（3.38）中的最大挠度是一个半波织物右斜段（或左斜段）长度的端点离开平衡位置的最大距离，可以认为是波幅值，织物弯曲刚度越大，波幅就越小；外力越大，波幅也越大。

对式（3.38）有以下几点说明：

（1）弯曲曲线的挠度为正值，说明织物弯曲变形向右移动；转角为正值，说明夹头处织物截面沿顺时针方向转动。

（2）在外力恒定 F 的作用下，织物的最大转角 θ_{max}（滞后角）和最大挠度 y_{max} 分别与外力和织物倾斜段的长度的平方、三次方成正比，而与织物的弯曲刚度成反比。图 3-9 所示为两种不同弯曲刚度

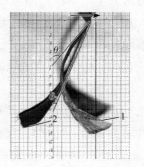

图 3-9　不同弯曲刚度的滞后角实测图
Fig. 3-9　the testing diagram of lag angles of different bending stiffness

的真丝织物，夹头向右移动时的实测图。

图中，试样 1 为真丝印花乔其纱，试样 2 为重磅真丝绸。两个试样的长度和宽度相同，在同一夹头中它们受力相同，夹头转速为 106 r/min。由于重磅真丝绸的弯曲刚度较大，所以其滞后角较小，即 $\theta_2 < \theta_1$。

实际测试中，夹头的最大动程为固定值（4.4 cm），即试样最上端的最大

挠度是不变化的,而弯曲长度 l 根据不同的试样而变化,图 3-8 中的原点可上下变化。因此,由上式可见,同一个试样在弯曲时,外力 F 越大,试样的弯曲长度 l 就越小。

(3) 虽然织物的下端没有固定,但并不影响织物弯曲时弯曲滞后角与挠度和织物长度之间的关系分析。由式(3.37)和式(3.38),可得:

$$\frac{\theta_{max}}{y_{max}} = \frac{3}{2l} \tag{3.39}$$

织物的滞后角 θ_{max} 与最大挠度 y_{max} 成正比,与织物弯曲段长度 l 成反比。令最大挠度为 4.4 cm,织物的滞后角为:

$$\theta_{max} = \frac{6.6}{l} \times \frac{180}{\pi} = 378.34 \frac{1}{l} (°) \tag{3.40}$$

可见,试样弯曲段的长度 l 越短,飘逸滞后角 θ_{max} 就越大。一般轻薄织物的滞后角大于重厚织物的滞后角。

(4) 由于夹头的水平运动为变速运动,即余弦加速度运动规律,当夹头运动到不同位置时,试样所受到的外力 F 不同。根据试样飘逸受力分析可知,在平衡点时 dS 段沿 Y 坐标轴方向的受力方程为:

$$F_{iy} = F_{(i+1)y} + F_K \tag{3.41}$$

空气阻力 dF_K 与运动速度的平方成正比,在平衡点处运动速度最大,故试样的空气阻力最大,因此,此处的滞后角 θ_{max} 较大。随着波形的下移,沿织物由上而下,张力递减,试样下端拉力 F_{i+1} 减小,则 $F_{(i+1)y}$ 减小,所以,此处的织物滞后角 θ_{max} 也逐渐减小(图 3-10)。

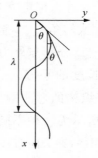

图 3-10　织物滞后角变化示意图
Fig. 3-10　the changing diagram of fabric lag angles

从以上分析可见,织物的滞后角是描述织物飘逸性的一个重要指标。采用飘逸装置测定的滞后角,当夹头转速较大时,有两

种极端的情况:一种是当滞后角为零时,说明
该材料为不可弯曲或难弯曲的材料;另一种
是当滞后角为 90°时,说明该物质如同随风飘
动的云和雾,或极易飘荡的轻柔材料。如图
3-11所示,夹头转速为 180 r/min,试样 1 为
真丝印花乔其纱,其波峰以下片段出现较大
滞后角现象;试样 2 为重磅真丝绸,还没有出
现波峰。

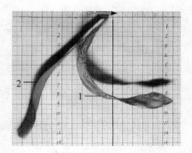

图 3-11　试样滞后角范围示意图
Fig. 3-11　the scope diagram of
sample lag angles

　　显而易见,纺织材料是介于两者之间的
材料,滞后角应为 0°~90°。

3.2.5　织物弯曲刚度测定

　　织物在飘逸过程中,因受到外力的作用,纤维、纱线和织物产生弯曲变
形,纱线和织物弯曲是纤维自身弯曲和纤维间相互作用的叠加。其中纤维
自身的弯曲性能是影响纱线和织物弯曲的最基本因素,而纤维间相互作用
的影响因素,一是纱线中的纱线加捻和纤维的径向转移,二是织物中的交织
点和浮长。

　　由于对单纤维弯曲的测量精度难以满足要求,因此,纺织品弯曲评价仍
然在纱线和织物的层次。纱线和织物弯曲性能的测试方法有三点弯曲法、
斜面法(悬臂梁法)、纯弯曲法、圈状环挂重法,还有心形法、共振法、频闪摄
影法[14]和瓣状环压缩法等。因为纱线具有捻度,存在扭应力,使纱线自动弯
曲,在一般测试条件下,弯曲刚度极小,不能真正反映其弯曲刚度,因此,一
般不单独讨论纱线的弯曲刚度[15]。

　　织物弯曲刚度常见的测定方法有斜面法、心形法和共振法等。织物的
弯曲性能也可通过 KES-F 系列风格仪进行测试,其中 KES-FB2 用来测试
弯曲性能。选择何种测试方法,应根据织物弯曲变形能力确定。一般心形
法较适用于轻薄织物的测定。

　　厚型织物一般采用斜面法,又称臂梁法,试样尺寸为 15 cm×2 cm,测出
试样滑出长度 l_0 和斜面角度 θ,可得抗弯长度 c_L(cm):

$$C_L = l_0 \left[\frac{\cos(\theta/2)}{8\tan\theta} \right]^{1/3} = l_0 f(\theta) \tag{3.42}$$

一般采用固定斜面角度，$\theta = 45°$，则抗弯长度：

$$C_L = 0.487 l_0 (\text{cm}) \tag{3.43}$$

织物面密度 ρ（g/m^2），厚度为 τ（mm），则织物的弯曲刚度为：

$$R_F = 9.8\rho C_L^3 \times 10^{-5} (\text{cN} \cdot \text{cm}^2/\text{cm}) \tag{3.44}$$

织物的弯曲弹性模量为：

$$E_F = \frac{R_F}{I_F} = \frac{120 R_F}{\tau^3} (\text{cN/cm}^2) \tag{3.45}$$

它与织物宽度 B、厚度等几何尺寸无关[10]。

对于各向同性的纤维材料，由广义胡克定律可证明，拉伸弹性模量 E_L、弯曲（剪切）弹性模量 E_F（又称刚性模量、扭转模量）和泊松比 υ 的关系为：

$$E_F = \frac{E_L}{2(1+\upsilon)} \tag{3.46}$$

泊松比 υ 为横向/纵向变化量，大多数材料的剪切模量为杨氏模量，为拉伸模量的 $1/2 \sim 1/3$。横向应变与纵向应变之比值称为泊松比。在弹性工作范围内，一般材料 υ 为 $0.1 \sim 0.3$，是一个常数[16]；但超越弹性范围以后，υ 随应力的增大而增大，直到 $\upsilon = 0.5$ 为止。若材料为各向异性，该关系式不成立。

在比例（正比）极限范围内，材料的弹性模量（应力/应变）为恒量，此恒量仅由材料的性质所决定。

3.3   织物飘逸动力学分析

对于弹性体而言，动力学特征主要是指介质的弹性性质和惯性性质，这两种性质能够使得系统的能量得以保持和传递；另外，纺织材料一般都呈现出一定程度的时间相关性,即黏性性质,如恒定应力下的蠕变和恒定应变下的应力松弛现象,它会引起能量的损耗和运动的衰减。除了介质的性质外,试样的几何特征、边界条件等对动响应也有直接影响[17]。

3.3.1　织物单向飘逸形式及其波动特性

单向飘动测定的试样为条形织物,宽度方向不施加张力,长度方向因试样自身质量而悬垂。当驱动机构在试样上端施加横向往复驱动力时,试样在水平方向产生振动,此时试样只是沿竖直方向自上而下传播能量,而不能沿试样宽度方向波动。

单向飘逸是一种最简单的飘逸形式,符合波动学的基本特征。本节利用自制飘逸测试装置,使条形试样产生波形,并分析波动的规律,归纳出波动的特征。

3.3.1.1　单向飘逸波的形成

将一定尺寸的条形试样上端夹在驱动机构往复运动的夹头上,条形试样的下端自由悬垂(图 3-12)。

从波动学角度看,若将往复运动的夹头作为波源,试样作为弹性介质,则该系统具有机械波产生的条件(波源和弹性介质)。波源夹头的往复运动,通过织物的弹性力,将运动

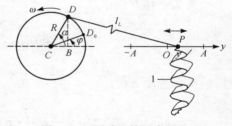

图 3-12　驱动机构示意图
Fig. 3-12　the diagram of motor device

传播下去,织物就形成波动,具体地讲,就是横波。如果将织物交织点视为质点,则波动是运动状态的传播,也是能量的传播,而不是质点的传播。质点的运动方向和波的传播方向相互垂直。因此,试样的波动具有横波的一般性特征。

3.3.1.2　试样夹头运动规律

条形试样上端由驱动机构试样夹头 P(也称滑块)夹持,夹头的运动规律也就是波源的运动规律。驱动机构为一曲柄滑块机构,由其带动试样往复运动(图 3-12)。

当曲柄绕固定点 C 以角速度 ω 匀速旋转时,由连杆带动滑块 P 在水平槽内以 O 点为平衡位置做往复直线运动。假设初始时刻 $t=0$ 时,曲柄的端点位于 D_0 点,此时的初位相为 φ;当转到 t 时刻,曲柄从初始位置起转动的位相为 $\alpha = \omega t + \varphi$。取 O 点为坐标原点,距原点左右最大移动距离为 $A=R$,P 在 y 轴上的坐标为 y,可用 y 表示滑块的位移,即:

$$y = R - (\overline{AC} - \overline{BC} - \overline{PB}) =$$
$$R - (R + l_L - R\cos\alpha - \sqrt{l_L^2 - R^2\sin^2\alpha}) =$$
$$R\cos\alpha - l_L\left[1 - \sqrt{1 - \frac{R^2}{l_L^2}\sin^2\alpha}\right] \tag{3.47}$$

由于 $\dfrac{R^2}{l_L^2}\sin^2\alpha$ 很小,可用公式 $\left(\sqrt[n]{1-X^2} \approx 1 - \dfrac{1}{n}X^2\right)$ 近似计算,得试样夹头运动规律[18]。

夹头位移方程:

$$y = R\cos\alpha - \frac{R^2}{2l_L}\sin^2\alpha \tag{3.48}$$

夹头速度方程:

$$v = -R\omega\left(\sin\alpha + \frac{R}{2l_L}\sin 2\alpha\right) \tag{3.49}$$

夹头加速度方程:

$$a = -R\omega^2\left(\cos\alpha - \frac{R}{l_L}\cos 2\alpha\right) \tag{3.50}$$

当 $l_L \gg R$ 时,上述各式的第二项可忽略不计,令 $R = A$,则试样的夹头的位移、速度和加速度的运动规律为:

$$y = A\cos(\omega t + \varphi) \tag{3.51}$$

$$v = -A\omega\sin(\omega t + \varphi) \tag{3.52}$$

$$a = -A\omega^2\cos(\omega t + \varphi) \tag{3.53}$$

织物飘逸美感及其评价

驱动机构夹头的位移、速度和加速度的运动规律比较如图3-13所示。

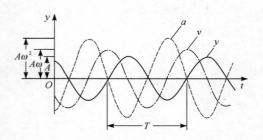

图 3-13　夹头的位移、速度和加速度的运动规律

Fig. 3-13　the moving rules of chuck's displacement, velocity and acceleration

因此,试样夹头的往复运动为简谐运动。当试样夹头位于端点时（$\alpha = 0°$或$180°$）,速度为零,加速度最大;当位于平衡的中间位置时（$\alpha = 90°$或$270°$）,速度最大,加速度为零。可见,试样夹头的运动是一种有规律的变速运动,因此带动条形试样上质点的运动速度和加速度都是变化的,试样形成的波动形态因织物材质和结构的不同而不同。

3.3.1.3　试样波动特性

由上述分析可知,驱动机构上的夹头（波源）在做简谐运动,假设长度为L的试样为均匀的、无吸收的弹性介质,织物中所形成的波即为简谐波。图 3-14 所示为波源的振动方程为$y = A\cos(\omega t - \pi/2)$时试样中波的传播过程图。

当夹头从平衡位置自右向左运动经过时间$\dfrac{T}{4}$,即曲柄转过$\dfrac{\pi}{2}$角度时,牵引试样向左运动完成一个振幅位移A;然后夹头牵引试样开始向右运动,经过时间$\dfrac{T}{2}$,通过平衡位置,在时间$\dfrac{3T}{4}$时到达最右端,夹头的一个

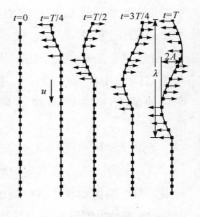

图 3-14　波的传播过程图

Fig. 3-14　the process diagram of wave propagation

单动程为$2A$,牵引试样形成的曲线倾斜方向为"右"斜方向,最后经过时间T,即$\omega t = 2\pi$,夹头又回到平衡位置,完成了一个往复运动,即一次振动,试样形成一个完整的曲线波形。

织物上质点振动和织物波动图像都是正弦（或余弦）曲线（图 3-15，图 3-16）。

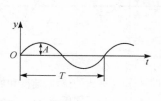

图 3-15　织物质点的振动图形 　　　图 3-16　　波动图形
Fig. 3-15　vibration pattern of fabric particles　　Fig. 3-16　wave pattern

虽然织物上质点的振动图形曲线和由其形成的织物横波的波动图形曲线的变化规律相同，但它们的物理意义不同。前者图形的横坐标表示时间，纵坐标表示某一质点在各个时刻的位移；后者图形的横坐标表示质点的位置，而纵坐标表示某一时刻各个质点的位移。在振动图形中，相邻两个最大值之间的间隔等于周期 T；在波的图像中，相邻两个最大值之间的距离等于波长 λ。质点振动曲线是跟踪一个质点位移随时间变化的情况，而波动曲线则是某时刻波线上各点相对平衡位置的位移情况。

条形试样所形成的飘逸波动，其传播特征可归纳为：

（1）织物波的传播不是织物质点的传播，而是夹头运动状态的传播，某时刻某质点的振动状态将在较晚时刻于试样"后段"某处出现。

（2）织物"前段"的质点依次带动"后段"的质点振动。

（3）沿织物波的传播方向，各质点的相位依次落后。

（4）同相位点质点的振动状态相同，相邻同相位点相位差 2π。

因此，波形是指织物飘逸整体所表现的运动状态。织物的波动是由驱动机构夹头（振源）的振动引起的，也可认为是由波源向外界的辐射波。如果织物在波动状态传播的过程中没有任何的能量消耗，则织物在任何位置的波动振幅是不变的。

3.3.1.4　试样波动方程

　　从试样的波动曲线（图 3-17）可
见，试样的波动是以速度 u 沿 x 轴的正
方向传播的平面简谐波。令原点 O 的
初相位为 φ，在 t 时刻的运动方程为
$y = A\cos(\omega t + \varphi)$。经过 $\Delta t = \dfrac{x}{u}$ 时
刻，也就是说，振动状态沿波线 x 轴从
原点 O 传到 P 需要时间 $\dfrac{x}{u}$，原点 O 振

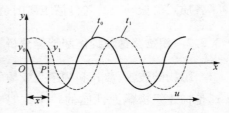

图 3-17　波形运动规律
Fig. 3-17　the moving rules of wave

动了时间 t，质点 P 只振动了时间 $t - \dfrac{x}{u}$，质点 P 在 t 时刻的位移 y_0 应等于

原点 O 在 $t - \dfrac{x}{u}$ 时刻的位移 y_1，所以 P 质点的运动规律如图 3-17 所示。

　　在 t_0 时刻，波的形状就好像在 t_0 时刻为波动的试样拍了张照片。如果
经过时间 Δt 后，振动状态从原点 O 传到 P，在时刻 t_1 再给试样波动拍照，该
时刻的表达式为 $y = A\cos\left[\omega\left(t_1 - \dfrac{x}{u}\right) + \varphi\right]$。显然，波形在时刻 t_1 比时刻 t_0
以波速 u 沿 x 轴向前移动了一段动程。

　　由于 P 质点为波线上的任意一点，所以波线上所有质点的振动方程，即
沿 x 轴的正方向传播的波动方程为：

$$y = f(t,\ x) = A\cos\left[\omega\left(t - \dfrac{x}{u}\right) + \varphi\right] \tag{3.54}$$

　　因此，P 质点的振动位移是时间 t 和传播距离 x 的函数，也称为波函数。

　　（1）当 $x = x_0$ 为常数时，$y = f(t) = A\cos\left[\omega\left(t - \dfrac{x_0}{u}\right) + \varphi\right]$。该函数表
达的是波形曲线上 $x = x_0$ 位置的 P 点，其位移是随时间变化的函数，即 P 点
的振动方程。

　　（2）当 $t = t_0$ 为常数时，$y = f(x) = A\cos\left[\omega\left(t_0 - \dfrac{x}{u}\right) + \varphi\right]$。该函数表

示在 $t = t_0$ 时刻，波线（x 轴）上各振动离开平衡位置的位移分布情况，描述了各质点的振动位移随传播距离的余弦函数，即 $t = t_0$ 时刻的波动方程。

3.3.2　织物飘逸波速度和能量分析

织物的波幅、波长和频率是波动的三个重要特征指标；而织物波动的波速是描述织物飘逸性能的一个重要参数，它是表征织物飘逸的动感指标。同时，织物波形的传播实际上是能量的传播。本节主要对织物的波速和能量传播进行分析。

3.3.2.1　纱线和织物波速与张力关系分析

单向飘逸时，织物中的质点为一维振动，对织物中的纱线，可采用线绳振动特性的有关知识进行分析。

（1）纱线等张力的波速分析

试样在外力作用下飘逸波动时，若不考虑纬向（或经向）纱线的作用，只是经向（或纬向）系统的纱线受力剪切变形，可视为若干根经纱（或纬向）作为介质传播横波。根据张紧的柔软细线绳中横波波速，推导如下：

假设纱线两端固定绷紧，各点的运动都发生在同一个平面内，并与 x 轴垂直，单位长度的质量为 ρ_y（kg/m），纱线张力为 T(N)，在上端加恒定的横向力 F(N)，使得 $F \ll T$，即运动是微小的，并以横向速度 v 向右运动，在 t(s) 时刻，线绳上端某点向右运动距离为 vt，同时边界点 P 前进距离为 ut（图3-18）。

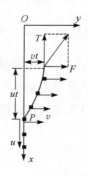

图 3-18　波形传播速度图
Fig. 3-18　the speed diagrams of wave propagation

根据冲量＝动量原理，即横向冲量（横向力 $F \times$ 时间 t，$\omega t = 0°$）＝运动部分的横向动量（质量 $\rho_y x \times$ 横向速度 v），由相似三角形可得：

$$\frac{F}{T} = \frac{vt}{ut}，即 F = T\frac{v}{u}$$

由于在 t 时间内，横向力 F 的冲量为 Ft，因此，

$$\text{横向冲量} = T\frac{v}{u}t$$

运动部分的质量为单位长度质量 ρ_y 和长度 ut 的乘积，即：

$$\text{横向动量} = \rho_y utv$$

由冲量＝动量原理，可得波速运动方程为[19]：

$$u = \sqrt{\frac{T}{\rho_y}}\ (\text{m/s}) \tag{3.55}$$

式中：T ——经纱（或纬纱）中的张力；

ρ_y ——经纱（或纬纱）质量分布的每米质量。

虽然施加的外力为一特殊的脉冲，由于任何形状的波动都可看成由一系列具有不同横向位移变化率的脉冲所组成，因此该式适用于试样上任何横波（如正弦波和其他周期波）的运动。

上述波速公式是在试样两端固定绷紧，并且无阻尼作用前提下推导得到的。作为自由悬挂的试样，其张力不是固定的，因此波速应是变化的。

（2）纱线及织物变张力的波速分析

由上节静力学分析得知，在静止时，自由悬垂试样上的质点，沿试样由上而下，张力是递减的。根据上述波速公式可知，沿试样传播的波速是变化的，越靠近上端，波速越大，波长也越大（若频率不变），如图3-19 所示。试样长度越小，张力也越小，试样波形的波长就越小，波速就越慢。

图 3-19　线绳悬垂波动示意图
Fig. 3-19　the diagram of rope drape fluctuation

由于织物波动是织物中的纱线在做波动状态的传播，下面以织物中的一根悬垂纱线进行波速分析。

根据测试装置的运动状态，在夹头带动自由悬挂的试样波动达到稳定后，假设试样为无阻尼波动，试样波动前的长度为 L_0，波动后试样发生屈曲，

其长度为 L，T 为经纱（或纬纱）张力，m_y 为单根纱线的总质量，当距离原点 x 处的质量为 m_x，如图 3-20 所示。

由于纱线为连续介质，纱线质量与纱线长度成正比线性关系，令纱线的单位长度质量为 ρ_y（kg/m），因此，单根经纱（或纬纱）的总质量为：

$$m_y = \rho_y L_0 \qquad (3.56)$$

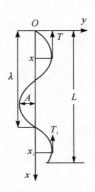

图 3-20　悬垂纱线中的张力变化
Fig. 3-20　changes in tension of drape yarns

试样因波动发生弯曲，其屈曲缩率为：

$$C(\%) = 100(L_0 - L)/L_0 \qquad (3.57)$$

其中，经纱的屈曲缩率范围 $0 < C < 100\%$。

该纱线距离原点 x 处以下的质量为：

$$m_x = \rho_y \frac{L - x}{1 - C/100} = m_y\left(1 - \frac{x}{L}\right) \qquad (3.58)$$

可见，纱线质量为 x 的线性函数，其随着 x 的增大而线性减小，如图 3-21 所示。

根据波速公式可得到单根纱线在不同 x 处的波速：

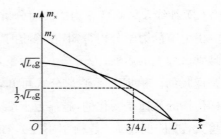

图 3-21　试样上各位置与质量和波速的关系
Fig. 3-21　the relation between location and quality of samples and wave speed

$$u = \sqrt{\frac{T}{\rho_y}} = \sqrt{\frac{m_x g}{\rho_y}} = \sqrt{\frac{L - x}{1 - C/100} g} = \sqrt{L_0\left(1 - \frac{x}{L}\right)g} \qquad (3.59)$$

可见,当纱线的长度一定时,其波速随着距离 x 的延长而减小,并随着纱线屈曲缩率 C 的增加而减小。纱线波速与 x 的关系如图 3-21 所示。

试样的平均波速为:

$$\bar{u} = \frac{u_{(0)} + u_{(L)}}{2} = \frac{1}{2}\sqrt{gL_0}$$

将上述平均波速代入式(3.59),可知在 $x = \frac{3}{4}L$ 处为试样的平均波速。

虽然式(3.59)是对纱线推导的波速公式,但也适用于织物,证明如下:

设经纬纱的密度和单位长度质量分别为 P_j、P_w 和 ρ_j、ρ_w,试样宽度为 B。如果试样为经向波动,考虑到经纱和纬纱两组质量,在 x 处经纱和纬纱的质量分别为:

$$m_{xj} = P_j B \frac{L-x}{1-C/100} \rho_j \tag{3.60}$$

$$m_{xw} = P_w B \frac{L-x}{1-C/100} \rho_w \tag{3.61}$$

宽度为 B 的织物单位长度质量为:

$$\rho_y = (P_j B \rho_j L_0 + P_w B \rho_w L_0)/L_0 = P_j B \rho_j + P_w B \rho_w \tag{3.62}$$

织物的总质量为:

$$m_x g = m_{xj} g + m_{xw} g$$

则试样的波速为:

$$u = \sqrt{\frac{T}{\rho_y}} = \sqrt{\frac{m_x g}{\rho_y}} = \sqrt{\frac{L-x}{1-C/100}g} = \sqrt{L_0\left(1 - \frac{x}{L}\right)g} = \sqrt{\left[L_0 - \frac{x}{1-C/100}\right]g} \tag{3.63}$$

织物飘逸美感及其评价

所以，在不考虑织物中纱线原有屈曲的前提下，织物试样的波速与纱线的波速公式相同。它仅与试样长度 L_0、试样波动弯曲缩率 C 和试样长度上波速观测点位置 x 有关。式(3.63)也可通过能量分析得到，见附录1。

若试样长度为 80 cm，弯曲变形长度为 76 cm，则试样的波速与传播距离的关系为 $u = \sqrt{L_0\left(1 - \dfrac{x}{L}\right)g} = 280\sqrt{1 - \dfrac{x}{L}} = 32.12\sqrt{76 - x}$。

这里没有考虑波动时空气阻力等阻尼因素造成的波幅衰减、阻尼周期的变化等影响。

因此，当夹头转速、试样的原长 L_0 和飘逸后变形长度 L 一定时，波长随着波形传播距离的增大而减小。

3.3.2.2 织物波动速度与弯曲弹性模量的关系

织物在驱动机构的带动下产生波动，波动形态与织物的弯曲性能有关。其中波速除了与织物的密度（或长度）有关外，还与织物的弯曲弹性模量有关，可由波动的动力学方程推导出波速与织物弯曲弹性模量的关系。

（1）织物波动的动力学方程

设织物波动的初相位 φ 为零，其运动方程 $y = A\cos\omega t$。经过 $\Delta t = \dfrac{x}{u}$ 时刻，试样的波函数，即波的运动学方程为：

$$y = f(t, x) = A\cos\omega\left(t - \frac{x}{u}\right) \tag{3.64}$$

在 t 时刻 x 处质元的速度为：

$$\frac{\partial y}{\partial t} = -A\omega\sin\omega\left(t - \frac{x}{u}\right) \tag{3.65}$$

在 t 时刻 x 处质元的加速度为：

$$\frac{\partial^2 y}{\partial t^2} = -A\omega^2\cos\omega\left(t - \frac{x}{u}\right) \tag{3.66}$$

在 t 时刻 x 处质元的应变为：

$$\frac{\partial y}{\partial x} = \frac{A}{u}\omega\sin\omega\left(t - \frac{x}{u}\right) \tag{3.67}$$

二次偏导为：

$$\frac{\partial^2 y}{\partial x^2} = -\frac{A}{u^2}\omega^2 \cos\omega\left(t - \frac{x}{u}\right) \tag{3.68}$$

由式(3.66)和式(3.68)得织物飘逸波的动力学方程为：

$$\frac{\partial^2 y}{\partial x^2} = \frac{1}{u^2}\frac{\partial^2 y}{\partial t^2} \tag{3.69}$$

可见，试样飘逸波的动力学方程（也称为平面波波动方程）与波动学中的波动方程一致。由于织物并不是理想的、无吸收和无阻尼的各向同性的均匀媒质，在波动图形中，试样在不同长度 x 处的振幅并不相同，因此，波动位移分别对时间 t 和传播距离 x 偏微分所得的峰值并不是一个固定常数，即波速不等于恒定值。

（2）织物波速与弯曲弹性模量的关系分析

织物作为弹性体，具有切变弹性。这正是织物波动（即横波）传播的重要条件。根据织物受力及其波动状态，试样曲线上各点的运动状态具有不同时性，符合剪切变形的受力特点，即外力作用线互相平行、反向且相隔距离很小。因此，织物波动的传播是由于织物内部发生剪切变形，并产生使体元恢复原状的剪切弹性力而实现的。即使织物内各层纤维或纱线之间发生平行相对微移，这种波动的传播仍能实现。否则一个体元的运动，不会牵引下一个附近体元也运动；同时离开平衡位置的体元，也不会在弹性力的作用下回到平衡位置。

① 关于织物的剪切变形

通常的织物剪切是指在织物宏观平面方向受到剪切力或力矩的作用下，经纱和纬纱之间的夹角发生改变而形成的剪切变形[20]。根据施加剪切力的方向不同，可分为经向剪切、纬向剪切以及与经纬向成各种角度方向的剪切性能[21]。

织物波动产生的织物剪切方式与通常所讲的织物剪切有所不同。织物飘逸变形特点为织物截面沿外力方向产生相对错动，即沿织物厚度方向产生剪切变形，与材料力学中的剪切概念一致。

假设织物处在绷紧的状态,波动时,不考虑重力和阻尼作用。任取一质元,织物的横截面积为 S,该质元的切应变为 $\theta(x)$,如图 3-22 所示。

设质元上端和下端的剪切力分别为 $F(x)$ 和 $F(x+\Delta x)$,织物试样的弯曲剪切摸量为 $E_F(\times 10^6 \, \mathrm{N/m^2})$,根据剪切胡克定律,该质元的切应力 $\tau(x)$ 为:

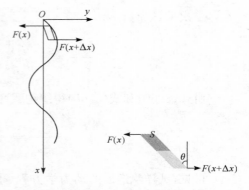

图 3-22   织物任意质元剪切作用示意图
Fig. 3-22   the diagram of fabric arbitrary element shear effect

$$\tau(x) = \frac{F(x)}{S} = E_F \theta(x)$$

$$(3.70)$$

从该式可以看出,当施加于试样的剪切力和剪切面积一定时,织物的弯曲弹性模量 E_F 与剪切变形 $\theta(x)$ 成反比。也就是说,对于很柔软轻薄的织物,因 E_F 很小,在较小的剪切力作用下,就会使得剪切变形 $\theta(x)$ 很大。此时,若试样较短(小于波长的长度),试样就会像风一样飘荡,除了在两端转折点处产生剪切弯曲外,试样主要随从夹头做近似于水平方向的运动,受到拉伸力作用;相反,如果试样像硬板一样,刚性很大,不容易引起剪切变形,就会出现平行移动,则不可能产生飘逸。上述是关于试样飘逸的两个极端例子。由于织物为黏弹性体,其剪切变形应介于这两者之间。

根据试样测试系统的受力情况,实际上试样在自由悬垂下做波动展示,也是依靠织物介质的剪切弹性牵引振动的传递,上段可作为相邻下段的"波源"而牵引下段试样质元变形。织物的波动变形并不完全都是纯剪切变形,还有拉伸和弯曲等其他形式的变形,但是精确区分属于哪一类的变形是比较困难的。

② 试样波速与剪切弯曲模量的关系分析

假设试样质元受力倾斜为直线,并且在发生剪切应变较小的情况下,可有近似式:

$$\theta(x) = \tan\theta(x) = \frac{\partial y}{\partial x}\Big|_{x} \tag{3.71}$$

质元上段和下段的剪切力分别为：

$$F(x) = SE_{\mathrm{F}}\theta(x) = SE_{\mathrm{F}}\frac{\partial y}{\partial x}\Big|_{x} \tag{3.72}$$

$$F(x + \Delta x) = SE_{\mathrm{F}}\theta(x + \Delta x) = SE_{\mathrm{F}}\frac{\partial y}{\partial x}\Big|_{x+\Delta x} \tag{3.73}$$

若忽略空气阻力，设质元运动加速度为 a，则质元水平方向的合外力为：

$$F(x + \Delta x) - F(x) = ma$$

或

$$SE_{\mathrm{F}}\left(\frac{\partial y}{\partial x}\Big|_{x+\Delta x} - \frac{\partial y}{\partial x}\Big|_{x}\right) = ma \tag{3.74}$$

若织物试样密度为 ρ_{F}（kg/m³），由于：

$$ma = \rho_{\mathrm{F}}S\Delta x\frac{\partial^2 y}{\partial t^2} \tag{3.75}$$

代入上式可得：

$$\frac{\partial^2 y}{\partial x^2} = \frac{\rho_{\mathrm{F}}}{E_{\mathrm{F}}}\frac{\partial^2 y}{\partial t^2} \tag{3.76}$$

此式也是织物波的动力学方程，与式（3.69）比较可知，织物波动的波速为：

$$u = \sqrt{\frac{E_{\mathrm{F}}}{\rho_{\mathrm{F}}}}\ (\mathrm{m/s}) \tag{3.77}$$

式中：ρ_{F} ——织物试样的密度（kg/m³）；

　E_{F} ——织物试样的剪切弯曲模量（$\times 10^6\,\mathrm{N/m^2}$）。

这里的剪切弯曲模量与织物宏观平面的经纬交叉角变化的剪切变形而测定的剪切模量不同，与扭转剪切模量也不同[22]。它是经向（或纬向）纱线弯曲剪切变形的剪切(弯曲)弹性模量。

在物理学中,机械波的波速只与介质的性质有关,而与振动频率无关。不过在某些特殊情况下,例如频率很高的超声波,在多原子分子的气体中传播时,波速与频率是有关的[23]。在织物单向飘逸中,由于受到阻尼作用等因素的影响,织物的波速也与频率有关。

上式是在不考虑试样长度方向的重力变化和阻尼作用,假设织物为无吸收的各向同性均匀介质,以及织物绷紧的状态下推导出来的。它描述了织物波动速度与织物的密度和弯曲剪切弹性模量的关系。对于已知试样的密度,通过测试织物波动的速度,可以得到织物的弯曲剪切弹性模量。

③ 纱线和织物的波速理论公式比较

对纱线的波速式(3.55)和均匀弹性织物波速式(3.77)进行比较。

其一是纱线的波速公式。它表达了纱线波动的波速与轴向受力和单位质量的关系,主要适用于纱线类较柔软的线绳波动状态的传播,波速公式为:

$$u = \sqrt{\frac{T}{\rho_y}} = \sqrt{\frac{L-x}{1-c/100}g} = \sqrt{L_0\left(1-\frac{x}{L}\right)g}$$

上式没有涉及到材料的弹性模量等力学性能指标。为了比较,可将上式转换为:

$$u = \sqrt{\frac{T}{\rho_y}} = \sqrt{\frac{\sigma}{\rho_F}}$$

式中:σ——纱线拉伸应力(cN/cm^2);

　　ρ_y——经纱(或纬纱)每米质量(kg/m);

　　ρ_F——密度(g/cm^3)。

其二是均匀弹性织物波速公式。在假设试样中各处张力 T 不变的前提下,绷紧的织物在横向剪切力的作用下产生剪切变形,通过波的动力学标准波动方程推导得出的波速公式为:

$$u = \sqrt{\frac{E_F}{\rho_F}}$$

　　实质上,这两个波速公式是相同的。证明如下:从试样横向受剪切力 F 角度进行分析,由试样受到剪应力 τ 作用而产生剪应变 θ ,推导得出两个波速公式完全相同。

$$u = \sqrt{\frac{E_F}{\rho_F}} = \sqrt{\frac{\tau}{\rho_F \theta}} = \sqrt{\frac{F}{S \rho_F F/T}} = \sqrt{\frac{T}{\rho_y}}$$

　　从上式分析可知,剪切力大小并不影响试样长度方向的速度衰减,导致试样自上而下波速逐渐减小的主要因素是试样的重力。

3.3.2.3　试样波动能量

　　波的传播过程也就是能量的传播过程。当机械波传播到试样中的某处时,该处原来不动的质点开始振动,质点获得速度,因而有动能;同时织物由垂直状态开始变形,由于织物下端为自由状态而非固定,所以该变形量并不全是试样的拉伸变形量,而是由织物的提升量和拉伸变形量两个部分组成。在波动过程中,试样总有趋于垂直平衡状态的趋势;当振动停止时,试样提升量将下降回位,而因小负荷拉伸而变形的量将恢复。因此,该处织物发生拉伸变形部分的量也具有势能。可见,如果不考虑试样提升量的重力势能,则试样波的传播能量主要由质点的振动动能和形变势能两个部分组成。

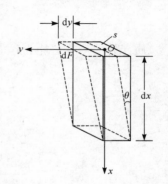

图 3-23　织物体积元示意图
Fig. 3-23　the diagram of fabric volume element

　　现分析波动试样体积元 dV 中能量的变化。如图 3-23 所示,设试样波动为平面简谐波,织物波动的初相位 φ 为零,经过 $\Delta t = \dfrac{x}{u}$ 时刻,试样波的运动学方程为:

$$y = f(t, x) = A\cos\omega\left(t - \frac{x}{u}\right) \tag{3.78}$$

令试样的密度为 ρ_F（kg/m³），则试样中某一体积元 dV 内质元 dm 的运动速度为：

$$v = \frac{\partial y}{\partial t} = -A\omega\sin\omega\left(t - \frac{x}{u}\right) \tag{3.79}$$

对应的运动动能为：

$$dE_K = \frac{\rho_F dV}{2}v^2 = \frac{\rho_F dV}{2}A^2\omega^2\sin^2\omega\left(t - \frac{x}{u}\right) \tag{3.80}$$

根据剪切胡克定律：

$$\tau(y) = \frac{F(y)}{S} = E_F\theta(y) \tag{3.81}$$

质元处的形变势能为：

$$dE_P = \frac{1}{2}E_F\theta^2(y)dV = \frac{1}{2}E_F dV\left(\frac{dy}{dx}\right)^2 =$$

$$\frac{1}{2}\rho_F u^2 dV\frac{1}{u^2}\left(\frac{dy}{dt}\right)^2 =$$

$$\frac{\rho_F dV}{2}A^2\omega^2\sin^2\left(t - \frac{x}{u}\right) \tag{3.82}$$

因此试样质元波动的总能量为[24]：

$$dE = dE_K + dE_P = \rho_F dVA^2\omega^2\sin^2\omega\left(t - \frac{x}{u}\right) =$$

$$dmA^2\omega^2\sin^2\omega\left(t - \frac{x}{u}\right) \tag{3.83}$$

可以看到，体积元中的动能和势能是同步变化的，即两者同时达到最大，又同时减到零，体积元中的总能量随时间做周期性的变化，不是守恒的。

试样上质点处在平衡位置和最大运动位置时的机械能量不同。正在通过平衡位置的那些质点，不仅有最大的运动速度，而且由于所在位置的质点间的相对形变$\left(\text{即}\dfrac{\partial y}{\partial x}\right)$最大，势能也最大。而处于最大运动位移处的那些质点,不仅运动动能为零,而且由于所在位置的质点间的相对形变为零 $\left(即\dfrac{\partial y}{\partial x}=0\right)$,势能也为零。

质点的总能量不是常数,它随时间做周期性变化,并且动能和势能的变化是同步的。这是因为试样中的每个体积元都不是孤立的,通过它与相邻介质间的弹性力作用,波动过程中各质点都在不断地吸收和放出能量,所以小体积的能量随时在变化,并且造成机械能的传播。因此,试样飘逸可认为是能量传播的一种形式。

为了精确描述试样波能量的分布,引入能量密度的概念。即织物中单位体积中的波能量,称为波的能量密度,用 w 表示,单位为瓦(W),表达式为:

$$w = \frac{\mathrm{d}E}{\mathrm{d}V} = \rho_{\mathrm{F}} A^2 \omega^2 \sin^2 \omega\left(t - \frac{x}{u}\right) \tag{3.84}$$

织物飘逸波的能量密度、平均能量密度,以及波形曲线的关系,如图3-24 所示。

图中,曲线 1 阴影部分为试样的总能量,曲线 2 为试样的波形线。波的能量密度在一个周期内的平均值,称为平均能量密度,用 $\overline{w}$ 表示,单位为瓦 / m² 或 J/s·m² 或 N·m/s·m²。即在 $t=0$ 时刻,一个波长内的平均能量密度为:

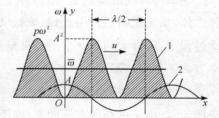

图 3-24　飘逸波的能量密度
和波形曲线的关系

Fig. 3-24　the relationship of deformation wave energy density and wave curve

$$\overline{w} = \frac{\int_0^\lambda w\mathrm{d}x}{\lambda} = \frac{\int_0^\lambda \rho_{\mathrm{F}} A^2 \omega^2 \sin^2\left(\frac{2\pi}{\lambda}x\right)\mathrm{d}x}{\lambda} = \frac{1}{2}\rho_{\mathrm{F}} A^2 \omega^2 \tag{3.85}$$

为了描述试样波单位时间内能量流动的大小,即波的强度,可采用能流密度或平均能流密度进行表征。

单位时间内,通过介质中垂直于波传播方向的单位面积的波的能量,称

为能流密度,用 I 表示。它是一个矢量,其方向就是能量的传播方向,即波速的方向,其大小为:

$$I = u\omega \tag{3.86}$$

平均能流密度为:

$$\overline{I} = \int_0^\lambda I \mathrm{d}\lambda = u\,\overline{w} \tag{3.87}$$

$$\overline{I} = u\,\overline{w} = \frac{1}{2}u\rho_F A^2 \omega^2 = \tag{3.88}$$

$$2\pi^2 \rho_F \lambda A^2 f^3$$

上式也称为波的强度,其方向也为波速的方向。

3.3.2.4　试样的振动能量

在试样弯曲波动过程中,纤维主要承受剪切拉伸作用力。假设纤维为弹性体,系统无阻尼作用,当系统振动平稳后,试样不发生垂直移动;即在波动过程中,试样上的每一个质点都是在水平方向承受剪切力的作用,并沿水平方向做往复运动。

试样做简谐振动的能量是在试样固有圆频率下分析的,若以平衡处的势能为零,由于试样固有圆频率(在下文中介绍)为:

$$\omega^2 = \frac{E_F}{l^2 \rho_F}, \ m = \rho_F \mathrm{d}V$$

所以,质元处的振动形变势能为:

$$\mathrm{d}E_P = \frac{1}{2}E_F \theta(y)^2 \mathrm{d}V = \frac{1}{2}E_F \left(\frac{y}{l}\right)^2 \frac{m}{\rho_F} =$$

$$\frac{m}{2}\frac{E_F}{l^2 \rho_F}y^2 = \frac{m}{2}\omega^2 y^2 =$$

$$\frac{1}{2}\rho_F \mathrm{d}V A^2 \omega^2 \cos^2(\omega t + \varphi) \tag{3.89}$$

质元的运动动能为:

$$dE_k = \frac{\rho_F dV}{2} v^2 = \frac{1}{2} \rho_F dV A^2 \omega^2 \sin^2(\omega t + \varphi) \tag{3.90}$$

可见,试样振动的势能和动能的最大值相等,但随时间的变化规律不同,前者为余弦的平方,后者是正弦的平方。

试样做简谐振动的总能量为[25]:

$$E = dE_k + dE_P = \frac{1}{2} m\omega^2 A^2 = \frac{1}{2} m v_{max}^2 \tag{3.91}$$

试样振动的势能、动能和总能量的关系如图 3-25 所示。

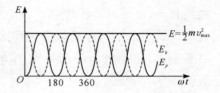

可见,当试样夹头位于端点($\omega t = 0°$ 或 $180°$)时,动能为零,而势能最大;相反,当位于平衡位置($\omega t = 90°$ 或 $270°$)时,动能最大,而势能为零。因此,试样做简谐振动时,动能和势能互相转换,总能量守恒。

图 3-25　织物质点振动能量关系图
Fig. 3-25　the relationship diagram of fabric particle vibration energy

显然,波动能量和振动能量不同,试样在波动中,波动能量在任意时刻各质点的动能和势能相等,同时达到最大值或最小值,质点的总能量不是常数,说明各质点都在不断地接收来自波源的能量。

3.3.3　试样固有圆频率与振动系统初始状态分析

纺织材料的机械振动遵循材料力学的基本规律。由于纺织纤维和纱线是柔性物体,所以在一定张应力下,支撑点之间会有相应的响应和固有频率,因为固有圆频率是试样振动过程中的重要参数[15]。它可通过公式计算法和实验测试法获得,但是不同织物及其造型,以及不同的测试方法,所得到的织物固有圆频率值不同。

3.3.3.1　自由悬挂试样的固有圆频率

织物的固有圆频率是动力系统的一个特性,取决于系统质量的分配和刚度的分配。在测定纺织材料的弯曲刚度和动态力学性能时,常采用振动法[3]。参照其自由振动法和强迫共振法,可对悬垂织物进行固有圆频率的测定。

若试样长度 L_0、宽度、密度 ρ_F 和弯曲弹性模量 E_F 已知,当夹头的运动速度在低速(v_Q 以下)趋于稳定时,则试样保持直线(或弧线)状态,试样在夹头的带动下,以倾斜形态左右往复运动(图 3-26);若夹头频率达到速度 v_Q,试样的直线状态将被打破,由直线变为曲线状态,出现具有波峰和波谷的曲线波形,此时可认为给定的振动频率达到试样的一阶共振频率,驱动机构的圆频率即为试样的固有圆频率。

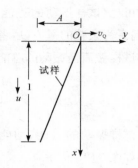

图 3-26   固有频率测试图
Fig. 3-26   the testing diagram of natural frequency

当夹头的运动速度 v_Q 增大,导致试样由直线变为初始波形时,夹头运动的最大速度应位于夹头运动的平衡位置,此时的最大速度为 $v_{max} = v_Q = A\omega_0$, $l \approx l_0$。根据图 3-26 可知,速度 v_Q 可由下式计算:

$$v_Q = \frac{Au}{L_0} = \frac{A}{L_0}\sqrt{\frac{E_F}{\rho_F}} \tag{3.92}$$

因此,可推导出试样悬垂的固有圆频率为:

$$\omega_0 = \frac{1}{L_0}\sqrt{\frac{E_F}{\rho_F}} \tag{3.93}$$

或用织物弯曲刚度 $R_F = E_F I_F$ 表示为:

$$\omega_0 = \frac{1}{L_0}\sqrt{\frac{E_F I_F}{\rho_F I_F}} = \frac{1}{L_0}\sqrt{\frac{R_F}{\rho_F I_F}} \tag{3.94}$$

可见,悬垂试样的固有圆频率 ω_0 与试样长度 L_0 成反比,与弯曲弹性系数 E_F 的平方根成正比,而与试样的密度 ρ_F 的平方根成反比。当试样尺寸参数确定后,其悬垂条样的固有圆频率为一定值,一般较小。例如,军港绸的弯

曲刚度[15]R_F 为 0.033 7 cN·cm²/cm,表观厚度为 0.579 mm,单位面积质量为

13.1 mg/cm²,密度 ρ_F 为 1.31/0.057 9＝0.226 g/cm³,由 $I_F = \dfrac{B\tau^3}{12}$,试样宽度为

10 cm,断面惯性矩 I_F＝10 cm×0.057 9³/12＝1.62×10⁻⁴,试样长度60 cm,计算得试样的圆频率 0.122 rad/s,频率为 0.02 Hz。该固有圆频率的计算公式与采用强迫共振法,纵向振动测定纺织材料弹性模量相似[3]。

上述所分析的织物固有圆频率为试样自由悬垂设置的横向振动,如果织物沿水平方向设置,即悬臂梁横向振动,根据材料力学,其固有圆频率为[26]:

$$\omega_0 = 2\pi f = \left(\frac{1.875\ 1}{L_0}\right)^2 \sqrt{\frac{R_F B g}{m}} \tag{3.95}$$

式中:R_F ——弯曲刚度(mg·cm);

$\quad\ m$ ——线密度(mg/cm);

$\quad\ B$ ——织物宽度(cm);

$\quad\ L_0$ ——试样长度(cm)。

可见,织物的固有圆频率不仅与织物本身的弹性系数、密度、尺寸等参数有关,而且与织物的构型、振动方向有关。它不同于弹簧振动的固有圆频率 $\omega_0^2 = \dfrac{k}{m}$,以及单摆的固有圆频率 $\omega_0^2 = \dfrac{g}{L_0}$。

假如将试样绷紧后下端固定,上端继续做横向小幅往复运动,波幅保持不变,条形试样上就会产生驻波[19]。如果驱动力的频率不等于试样的固有频率之一时,波腹处的波幅较小;如果驱动力的频率等于试样的某一个固有频率,波腹处的波幅就远大于驱动端的波幅,即发生共振。因此,绷紧的试样具有多个固有频率。

3.3.3.2 振动系统的初始条件分析

依靠试样自身的自由振动来形成人们可视觉的飘逸形态是困难的,为了飘逸性能测试的需要,试样主要依靠驱动机构的振动来产生连续的波动状态。通过调节振动源的圆频率,或者波源振幅的大小,来形成不同的波形。因此,它有别于两端拉紧绳子的强迫波动,也不同于边界固定的薄板变

形分析。

（1）驱动机构的振动初始条件

前文已介绍，驱动机构的振动为近似简谐振动，其振动的位移和速度方程为：

$$y = f(t, x) = A\cos\left[\omega\left(t - \frac{x}{u}\right) + \varphi\right]$$

$$v = \frac{\partial y}{\partial t} = -A\omega\sin\left[\omega\left(t - \frac{x}{u}\right) + \varphi\right]$$

波动的振幅 A 和初位相 φ 是由驱动机构的初始条件决定的。上式中，若 $x = 0$，$t = 0$，即为驱动机构初始状态，此时 $y = y_0$，$v = v_0$，则有：

$$y_0 = A\cos\varphi$$

$$v_0 = -A\omega\sin\varphi$$

由上述两式可得：

$$A = \sqrt{y_0^2 + v_0^2/\omega^2} \tag{3.96}$$

$$\tan\varphi = -\frac{v_0}{\omega y_0} \tag{3.97}$$

可见，如果驱动机构以一定的圆频率 ω 振动，当夹头位于振动的两个端点时，其速度 $v_0 = 0$，夹头的位移 $y_0 = A$；当夹头位于平衡位置时，$y_0 = 0$，驱动机构的初相位 $\varphi = \pi/2$。

若 $x = x_0$，$t = 0$，即为试样上 $x = x_0$ 处质点的初始状态，如果试样不产生波幅衰减，该位置质点的振幅和初位相计算与驱动机构相同。

如果整个试样波动系统是无空气阻力、不消耗能量的理想状态，在驱动力作用下同样做简谐振动，同一试样上每一个质点，在任何时刻 t、任何位置 x，都将按照这个理想振动方程振动，振动的周期、波动的波长和波幅等参数将是固定值。

然而在实际中，试样在振动过程中，空气阻力、纤维和纱线的摩擦等因素总是存在的，使得试样在波动传播过程中会损耗能量，距离波源越远，损耗的能量就越多,造成试样上各质点的振动波幅不同,但是试样振动圆频率与驱动机构(波源)圆频率 ω 相同。因此,驱动机构的圆频率 ω 就是系统的圆频率,仅与驱动该机构的马达转速 n 有关,即 $\omega = 2\pi n$。

（2）试样末端波幅与驱动机构动程的关系

当试样长度小于波长,且夹头频率很大时,试样末端波的波幅 A 或试样末端处的摆幅可能会大于夹头的最大动程 A_0,如图 3-27 所示,其中:(a)为波形振幅 $A > A_0$ 的情况;(b)为夹头末端处的摆幅超过夹头幅度 A_0,位移为 ΔA 的情况。

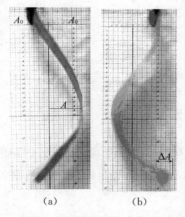

图 3-27　试样波幅大于夹头动程实图　　图 3-28　波幅大于夹头动程示意图
Fig. 3-27　the figure of sample amplitude　Fig. 3-28　the diagram of sample amplitude
greater than chuck lift　　　　　　　　greater than chuck lift

当夹头的运动圆频率 ω_P 等于试样的固有圆频率 ω_0 时,试样振动的波幅出现最大值,由于阻尼作用,会限制这个最大波幅值。因为试样的固有圆频率较小,达到试样圆频率时所需的驱动力也较小,试样波动的波幅也较小。因此,驱动机构的圆频率是影响试样波幅大小的因素之一。

为了使试样显现飘逸状态的不同效果,一般驱动机构要选用较大的圆频率。当驱动机构的圆频率达到一定值时,将使得试样末端的波幅 A 大于驱动机构夹头的波幅 A_0(图 3-27),这是由于试样惯性力的作用引起的。

当夹头运动至最右端时(图 3-28),夹头附近的试样并没有停止右移,此时试样获得最大加速度,以最大惯性力 $F = ma$ 继续向右移动,试样自上而下各质点将超过夹头的最大动程 A_0 逐渐远离平衡点,直至传播到某一质点的横向受力达到平衡,在 x 位置形成波峰点而停止右移。

试样形成最大波幅的理论分析如下。

由材料力学剪应力与剪应变的关系(图 3-22,图 3-28),可知夹头附近的织物所受到的剪切应力为:

$$\frac{F}{S} = E_F \theta = E_F \frac{A - A_0}{x} \qquad (3.98)$$

夹头运动至最右端时所受到的剪应力为:

$$F = E_F S \frac{A - A_0}{x} = mA\omega^2 \qquad (3.99)$$

由上式得 x 位置的波幅为:

$$A = A_0 \left(\frac{mx\omega^2}{E_F S} + 1 \right) \qquad (3.100)$$

可见,试样的最大振动波幅等于两部分之和,其波幅增量与试样质量 m、圆频率平方 ω^2 和波峰的位置 x 成正比,与试样的弯曲弹性系数 E_F、试样的横截面 S 成反比。

根据式(3.53)的试样固有圆频率为:

$$\omega_0 = \frac{1}{L_0} \sqrt{\frac{E_F}{\rho_F}}$$

以及质元质量:

$$m = \rho dV = \rho S L_0$$

由式(3.100),试样的最大振动波幅还可表达为:

$$A = A_0 \left(\frac{mx\omega^2}{E_F S} + 1 \right) = A_0 \left(\frac{\omega^2 x}{\omega_0^2 L_0} + 1 \right) \qquad (3.101)$$

由上式可见,波峰点离原点的距离 x 越大,试样波幅增量也越大,当 $x = L_0$ 时,试样以近似直线状左右摆动,没有形成完整的周期波或含有波峰的曲线,如图 3-29 中试样 1;当 $x < L_0$ 时,如图 3-29 中试样 2,试样形成弯曲的曲线。如果驱动机构的圆频率等于试样的固有圆频率,试样将发生共振,当 $x = L_0$ 时,由上式可知,试样的波幅为驱动机构振幅的两倍。

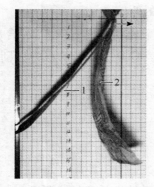

图 3-29 波峰点为试样末端实测图
Fig. 3-29 the testing diagram of crest
          points at the specimen ends

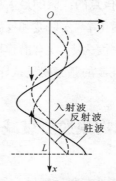

图 3-30 试样末端形成驻波
Fig. 3-30 the specimen ends to form a
           standing wave

织物飘逸美感及其评价

这种现象也可用波的叠加原理进行解释,由于试样的下端为自由端,在两种介质的分界面处,在某个 t 时刻试样上会出现从上端传播的入射波与下端反射点而来的反射波叠加而形成的驻波(图 3-30)。驻波波形不沿 x 轴方向移动,而是停驻在一定位置上。波在试样下端与空气分界处反射,根据边界条件,波动垂直于入射分界面,波从波密的试样(试样密度 ρ_F ×波速 u)传播到波疏的空气(空气密度 ρ_F ×波速 u),没有阻止其振动的织物张力,只跟随着上段相邻质点振动,并使振动加强,该反射波无 π 位相变化,没有半波损失,反射波是入射波的反向延伸,因此,反射点 L 为波腹。入射波和反射波的频率、波幅和振动方向相同,但传播方向相反。在自由端这个反射点 L 处,入射波和反射波同相位,该点是驻波的波腹,因此,该点振动波幅有最大值。根据入射波和反射波的表达式:

$$y_1 = A_0 \cos 2\pi \left(ft - \frac{x}{\lambda} \right)$$

$$y_2 = A_0 \cos 2\pi \left(ft + \frac{x}{\lambda} \right)$$

(3.102)

运用三角函数展开并化简得合成波的表达式为：

$$y = y_1 + y_2 = 2A_0 \cos\left(2\pi\,\frac{x}{\lambda}\right)\cos 2\pi ft \tag{3.103}$$

可见，该点的波腹的最大振幅为夹头动程的两倍。

从能量上看，入射波和反射波的能流密度数值相同而方向相反，合成波的总能流密度为零，没有沿弹性试样传递能量。这是与横波的根本区别[27]，可能产生驻波的频率就是试样的固有频率。

3.4　织物飘逸波衰减分析

上一节是在假设试样为弹性介质，只考虑弹性性质和惯性性质，试样的力学行为完全由虎克定律来描述，在波动传播过程中，认为系统的机械能是守恒的，小振幅简单波动在试样中呈现规则的波形，因此，试样中的平面波将保持初始的变形和振幅一直传播下去，其振幅、波长、周期和波速等波动的各要素均不随时间和位置而变化，波形为一简谐曲线。显然，简单波动只能视为实际波动的一种抽象和近似，不过一些重要的结论可用来解释试样实际波动的现象，同时为复杂的波动研究提供必要的基础。

织物在实际飘逸过程中，其机械能将产生损耗，波形的波幅、波长和波速等参数值是随着时间和空间位置的变化而变化的[28]，试样平面波的波幅将随着时间延长产生衰减。

3.4.1　试样波动系统衰减原理

织物在飘逸过程中，能量损耗是不可避免的，其原因主要是试样对波的辐射和吸收两个方面。波的辐射是指试样在波动过程中，一方面承上启下传播能量，另一方面对周围空气产生波辐射，即空气阻力的作用而损耗能量；波的吸收是由于纤维和纱线的粘性性质和热传导而引起，也可认为能量吸收是纤维和纱线内摩擦的机械能变为热运动能。另外，织物并非完全弹性体，总呈现出不同程度的时间相关性。

织物飘逸美感及其评价

　　试样在波动传播过程中,由于受到空气阻力、织物内部吸收能量、纤维和纱线之间的摩擦阻力等阻尼作用,会产生系统的能量损耗,表现在波动图形上,越远离波源的波幅就越小,形成波幅逐渐衰减的波动形态。如果系统只施加一次外力作用,这种波幅衰减的波形将瞬间完成并很快消失。即使悬垂的试样足够长,如果试样上端只做一次往复运动,由于织物是一黏弹性体,加之外界的阻尼作用,试样会同时出现两个方向的衰减:一个是由波源处试样质点的振动停止,并自上而下将约束后续质点的振动;另一个是后面质点本身受到阻尼作用而使振幅衰减,并且越远离振源,衰减越严重,导致试样在较短时间内由曲线变为垂直线,难以测定波形。因此,为了方便观察波动曲线图形,需要驱动机构的上夹头(波源)连续施加一个等幅驱动力,不断地补充能量,维持系统连续波动状态。因此,整个系统是一个既有阻尼又有强迫振动的飘逸波测试系统。

　　从试样波动测试系统的工作原理可知,波源(上部夹头处)由专门装置不断补充能量,即施加周期性的外力,维持试样各质点的振幅、频率恒定,同时也维持了试样波动形态的不断再现。

　　就试样上的质点振动而言,在振动过程中有能量的输出(损耗),系统又从外界输入了能量,试样上段的质点振动补偿了振动过程中所输出(损耗)的能量,维持了试样下段质点的正常振动。整个系统在外界驱动机构的作用下维持试样质点振动稳定,从而使得波动能量连续不断地传播下去。因此,对试样上某个质点而言,振动可视为受迫等幅振动。

　　在试样波形传播过程中,因受到阻尼作用,试样波动系统的能量随着传播距离的延长而逐渐衰减。因此,在考虑阻尼作用的情况下,整个试样系统自上而下可视为减幅波动运动。

3.4.2　夹头由动变静时试样自由振动方程

　　当驱动机构的运动停止后,织物依靠自身质量而产生一自由度、有阻尼的振动,是以试样的固有圆频率 ω_0 产生的自由衰减振动。试样上某一质点由于受到阻尼作用而损耗能量,该质点的振幅将快速减小,直至为零。下面分析试样中某一质点的自由阻尼振动方程:

假设试样中某一微元体 dV，如图 3-31(a)所示，试样拉长的长度为 l，横截面积为 S，面密度为 ρ，则其质量 $m = \rho Sl$，弯曲弹性模量为 E_F，剪应力为 τ，剪切变形为 θ，则试样产生的剪切回复力 F_j 为：

$$F_j = S\tau = SE_F\theta \tag{3.104}$$

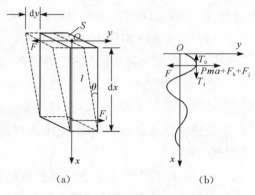

图 3-31   试样自由阻尼振动示意图

Fig. 3-31   the diagram of sample free damped vibration

若切应变较小，$\theta = \sin\dfrac{y}{l} \approx \dfrac{y}{l}$，则该回复力 F_j 为：

$$F_j = \frac{SE_F}{l}y \tag{3.105}$$

由流动力学知识，物体所受到的空气阻力与物体运动速度有关，在速度不大时，阻力与速度成正比[29]，而方向总是与其速度方向相反[30]。令空气阻力系数为 γ，其与织物的形状、大小、透气性和织物表面性状等因素有关，同时还与空气媒质的性质有关，一般可通过实验确定。空气阻力以及纤维、纱线的内部损耗等阻尼力 F_K 为：

$$F_K = \gamma\frac{dy}{dt} \tag{3.106}$$

根据机械振动中阻尼振动分析[31, 12]，当试样夹头运动稳定时，空气等阻尼力和剪切回复力总是与试样的运动方向相反。试样上任意一个质点 P 在水平方向的受力情况,如图 3-31(b)所示。

当没有强迫力作用时,$F(t) = 0$。试样中微元体 dV 内的等效质元 m 的受力本构关系式为:

$$m\frac{\partial^2 y}{\partial t^2} + \gamma\frac{\partial y}{\partial t} + \frac{SE_F}{l}y = 0 \qquad (3.107)$$

振动微分方程为:

$$\frac{\partial^2 y}{\partial t^2} + \frac{\gamma}{m}\frac{\partial y}{\partial t} + \frac{SE_F}{ml}y = 0 \qquad (3.108)$$

令 $2\beta = \dfrac{\gamma}{m}$,$\omega_0^2 = \dfrac{SE_F}{ml} = \dfrac{E_F}{\rho l^2}$

则微分方程为非齐次方程:

$$\frac{\partial^2 y}{\partial t^2} + 2\beta\frac{\partial y}{\partial t} + \omega_0^2 y = 0 \qquad (3.109)$$

式中:β——衰减系数,$2\beta = \dfrac{\gamma}{m}$;

ω_0——振动系统无阻尼时自由振动的固有圆频率,根据织物的质量 $m = Sl\rho$,$\omega_0^2 = \dfrac{SE_F}{ml} = \dfrac{E_F}{\rho l^2}$,这与纺织物理中采用强迫共振法测试纤维动态模量的公式一致[3]。

按照传统的方法,假定方程具有 $y = e^{rt}$ 形式,其中 r 是常数,求导后代入上式,得:

$$(r^2 + 2\beta r + \omega_0^2)e^{rt} = 0$$

对所有 t 都满足,就必须有满足方程:

$$r^2 + 2\beta r + \omega_0^2 = 0$$

该方程就是特征方程,有两个根:

$$r_{1,2} = \frac{-2\beta \pm \sqrt{4\beta^2 - 4\omega_0^2}}{2} = -\beta \pm \sqrt{\beta^2 - \omega_0^2} \qquad (3.110)$$

因此，微分方程的一般解为：

$$y = C_1 e^{r_1 t} + C_2 e^{r_2 t} \tag{3.111}$$

式中：C_1，C_2——由初始条件 $x(0)$ 和 $x'(0)$ 决定的常数。

将式（3.110）代入式（3.111）得：

$$y = e^{-\beta t} \left(C_1 e^{\sqrt{\beta^2 - \omega_0^2} t} + C_2 e^{-\sqrt{\beta^2 - \omega_0^2} t} \right) \tag{3.112}$$

式中的第一项是单纯的时间指数衰减函数；第二项括号内的特征如何，要看根号中数值的正负。以下说明三种情况[12]：

① 当阻尼项 $\beta > \omega_0$ 时，上式的指数将是实数，振动不可能产生，可称为超阻尼。如图3-32中 b 线，试样随着 x 的延长而趋于平衡位置，不能做往复运动，是非周期运动。一般情况下，在夹头停止运动后，织物会立刻停止振动。

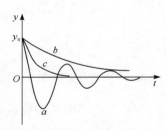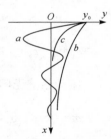

图3-32　试样质点振幅衰减振动图
Fig. 3-32　the vibration figure of sample particle amplitude attenuation

图3-33　试样波幅衰减波形图
Fig. 3-33　the wave figure of sample amplitude attenuation

② 当阻尼项 $\beta < \omega_0$ 时，令 $\omega = \sqrt{\omega_0^2 - \beta^2}$，上式的指数变为虚数 $\pm i\sqrt{\omega_0^2 - \beta^2}\, t = \pm i\omega t$。式（3.112）也可写成：

$$y = e^{-\beta t} \left(C_1 e^{i\omega t} + C_2 e^{-i\omega t} \right) \tag{3.113}$$

则

$$e^{\pm \omega t} = \cos \omega t \pm i \sin \omega t \tag{3.114}$$

因此，第二项（括号内的项）是振动的，称为阻尼振动。

该方程的通解为：

$$y = e^{-\beta t}(C_1 \cos \omega t + C_2 \sin \omega t) \tag{3.115}$$

根据初始条件，当 $t = 0$ 时，$y = y_0$，$\dfrac{dy}{dt} = v_0$，定出 $C_1 = y_0$，$C_2 = \dfrac{v_0 + \beta y_0}{\omega}$。为了便于说明特解所反映的振动现象，令 $y_0 = A_0 \cos \varphi$，$\dfrac{v_0 + \beta y_0}{\omega} = A_0 \sin \varphi$，即：

$$y = e^{-\beta t}(A_0 \cos \varphi \cos \omega t + A_0 \sin \varphi \sin \omega t) \tag{3.116}$$

得小阻尼作用时的解为：

$$y = A_0 e^{-\beta t} \cos(\omega t + \varphi) \tag{3.117}$$

式中：A_0，φ——由初始条件决定的积分常数，如图 3-32 中 a 线。

初始状态的振幅和位相分别为：

$$A_0 = \sqrt{y_0^2 + \frac{(v_0 + \beta y_0)^2}{\omega^2}} \tag{3.118}$$

$$\tan \varphi = \frac{v_0 + \beta y_0}{y_0 \omega} \tag{3.119}$$

如果某一时刻夹头运动到 y_0 点，此时试样的波形曲线如图 3-33 所示。

对于驱动机构夹头运动而言，即 $x = 0$ 时位置，可认为试样的阻尼系数为零；当 $t = 0$ 时，夹头运动到最右端点 $v_0 = 0$，夹头的振幅，即距离平衡位置最大移距为 $y = y_0 = A = A_0$；当夹头位于平衡位置时，$y = 0$，初相位 $\varphi = 0$。

③ 当 $\beta = \omega_0$ 时，称为临界阻尼状态，是试样系统是否振动的临界点，如图 3-32 中 c 线。

由 $2\beta = \dfrac{\gamma}{m}$ 和 $\omega_0^2 = \dfrac{E_F}{\rho l^2}$，设临界阻尼的阻尼系数为 γ_c，则：

$$\left(\frac{\gamma_c}{2m}\right)^2 = \frac{E_F}{\rho l^2} = \omega_0^2 \tag{3.120}$$

得临界阻尼系数为：

$$\gamma_c = 2m\omega_0$$

显然,如果阻尼系数 $\gamma > \gamma_c$,即 $\beta > \omega_0$,就是上述①不能发生振动的情况,如图 3-32 中 b 线;如果阻尼系数 $\gamma < \gamma_c$,即 $\beta < \omega_0$,为上述②发生衰减振动的情况,如图 3-32 中 a 线。

试样在运动中的阻尼系数主要由空气阻力、纤维内部能量损耗和纱线内部摩擦等因素决定,欲精确得到各部分的损耗量是困难的;同时,试样自由阻尼振动发生过程较短,难以即时观测。

现引入"振幅对数衰减率 Δ"的概念。它是指任意两个相邻波幅比值的自然对数,即相邻两个周期的振幅对数衰减率 Δ 的表示式为:

$$\Delta = \ln \frac{A_t}{A_{t+T}} = \ln \frac{A_0 e^{-\beta t}}{A_0 e^{-\beta(t+T)}} = \ln e^{\beta T} = \beta T \tag{3.121}$$

上式中,振幅对数衰减率 Δ 与衰减系数 β、周期 T 成正比。在试样振动系统中,驱动机构的周期 T 是一定值。从波动曲线图形可看出,在 t 时刻的波幅 A_t 位于波形的 ut 位置,经过一个周期 T 的波幅 A_{t+T} 是位于波形的 $u(t+T)$ 位置。因此,从波动曲线上很容易看出对数衰减率 Δ 随着试样衰减系数 β 的变化情况。

关于振幅对数衰减率 Δ 与衰减系数和圆频率比值 β/ω_0 的关系分析如下:

由振动系统的圆频率 $\omega = \sqrt{\omega_0^2 - \beta^2}$,得阻尼振动周期为:

$$T = 2\pi/\omega = 2\pi/\sqrt{\omega_0^2 - \beta^2} \tag{3.122}$$

虽然自由阻尼振动不是周期振动,但是试样上某一质点振动一次的时间是一定的。若将这段时间也称为周期,由上式可见,它小于固有圆频率的周期 $T_0 = 2\pi/\omega_0$。

试样上某一质点在 t 时刻的振幅为 A_1,经过一个振动周期 $T = 2\pi/\omega$ 后振幅为 A_2,所以相隔一个周期时间的两个振幅的振幅对数衰减率为[1]:

$$\Delta = \ln \frac{A_1}{A_2} = \ln \frac{A_0 e^{-\beta t}}{A_0 e^{-\beta\left(t+\frac{\lambda}{u}\right)}} = \ln e^{\beta\frac{\lambda}{u}} = \beta \frac{\lambda}{u} = \beta T =$$

$$\frac{2\pi\beta}{\sqrt{\omega_0^2 - \beta^2}} = \frac{2\pi\beta/\omega_0}{\sqrt{1 - (\beta/\omega_0)^2}} \tag{3.123}$$

令 $\xi = \beta / \omega_0$，称为振动阻率。由于阻尼系数与振动速度有关，对于自由阻尼振动而言，试样上某一质点的振动阻率随着阻尼系数的减小而减小；当试样停止振动时，振动阻率为零。

在式（3.123）中，当 $\beta \ll \omega_0$ 时，即 ξ 很小，则 $\Delta = 2\pi\xi$；当 $0 < \beta < \omega_0$ 时，即 $0 < \xi < 1$，则对数衰减率 Δ 与振动阻率 ξ 的关系为：

$$\Delta = \ln \frac{A_1}{A_2} = \frac{2\pi\xi}{\sqrt{1 - \xi^2}} \qquad (3.124)$$

因此，振幅对数衰减率与振动阻率的关系[32]如图 3-34 所示。

振幅对数衰减率随着振动阻率 ξ 的增大而增大，当 $\xi < 1$ 时，衰减系数 β 越大，振幅衰减越大。由于振动阻率 ξ 与阻尼系数的关系为：

$$\xi = \frac{\beta}{\omega_0} = \frac{\gamma}{2m\omega_0} \qquad (3.125)$$

因此，阻尼系数 γ 越大，或固有圆频率 ω_0 越小或试样质量 m 越小，试样质点的振动阻率 ξ 越大，振幅衰减越大。

由固有圆频率关系式 $\omega_0^2 = \dfrac{E_F}{\rho l^2}$，知振动阻率 ξ 与织物弯曲弹性模量 E_F 的关系为：

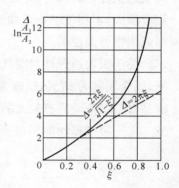

图 3-34　Δ 与 ξ 的关系
Fig. 3-34　the relationship between Δ and ξ

$$\xi = \frac{\beta}{\omega_0} = \frac{\gamma}{2m\omega_0} = \frac{\gamma}{2\sqrt{\rho S^2 E_F}} \qquad (3.126)$$

可见，织物越轻薄，弯曲弹性模量 E_F 越小，振动阻率越大，其振幅衰减越大。因此，一般轻薄织物容易发生飘逸，同时也容易短时间静止。轻薄织物容易产生振幅变化的现象，正是人们对其飘逸感的真实感觉。

单位面积织物中交织点的多少影响到织物的飘逸性能。织物交织点处经纬纱线紧密啮合，没有缝隙，该部分的弹性模量较大；而交织点之间的纱线及其空隙部分容易发生弯曲，弹性模量较小。织物的紧密程度对其动态弯曲变形有两个方面的影响：一方面，如平纹等紧密织物，一般经纬交织力较大，其弯曲弹性模量也大，而如斜纹和缎纹等疏松织物的交织力较小，弯曲弹性模量也较小，织物容易发生弯曲；另一方面，疏松类织物的透气性大，织物运动时空气阻力小，相对于密度大的织物而言，不容易形成动态弯曲变形。

在其他条件相同时，设织物纬密比为1时，透气率为100%；当纬密增至2倍时，透气率下降到14%；当纬密增至3倍时，透气率下降到1%。若为纬向条形试样，纬密增大，纬纱数量增加，同时交织点数量也增加，织物的弯曲刚度增大，不利于织物弯曲变形；另外，织物透气率下降，不利于透气，容易形成织物弯曲变形。

关于织物透气性对空气阻力的影响，设无试样（自由流通）为100%透气率，则金属网为67%，蚊帐为47%，棉针织物为8%，毛华达呢为2%，可见纺织品对空气流动具有较大的阻力[33]。

关于阻尼振动周期与衰减系数的关系，由于阻尼振动周期为：

$$T = 2\pi/\omega = 2\pi/\sqrt{\omega_0^2 - \beta^2} =$$
$$\frac{2\pi}{\omega_0\sqrt{1 - (\beta/\omega_0)^2}} = \frac{T_0}{\sqrt{1 - \xi^2}} \tag{3.127}$$

可见，由于阻尼作用，使得阻尼振动的圆频率 ω 小于系统的固有圆频率 ω_0，即试样上质点的阻尼振动周期大于无阻尼的简谐振动固有周期 T_0。

当阻率 ξ 为零时，振动的周期为波源周期；当 $\xi < 1$ 时，衰减系数 β 越大，阻尼振动周期越长，反映在试样波动图形上，为波速减慢（假设波长固定）。

3.4.3　夹头连续运动时试样波动方程

为了维持试样上某一质点稳定的等幅振动状态，需要不间断地输入能量。在外来周期性力（驱动力或强迫力）的持续作用下，振动系统发生的振动称为受迫振动，也称强迫振动。如果改变驱动机构的圆频率，将打破原振动的平衡状态，试样的波动状态随之发生变化。因此，在外部驱动力的作用下，织物产生的是一个单自由度、有阻尼强迫线性振动。

对波线 x 轴上试样的某一质点而言，施加固定外力的强迫振动，使得其保持振动规律不变,外来输入能量与损耗能量达到平衡,各质点可保持各自振幅不变。但是不同质点的振幅有所不同,沿 x 轴正方向上,各质点的振幅将减小。当试样有足够长时,即使交变驱动力继续作用,由于试样波动在传播过程中能量损耗,在远离夹头的某一点,试样振动也会停止,并且不再向后方继续传播波动状态。

3.4.3.1　夹头运动时试样上质点振动方程及分析

夹头带动试样往复运动,设初位相 $\varphi = 0$,试样上某一质点水平方向的强迫力随时间按余弦规律变化,即:

$$F(t) = ma = mA\omega_P^2 \cos \omega_P t = F_0 \cos \omega_P t \tag{3.128}$$

式中:$F_0 = mA\omega_P^2$ ——力幅;

ω_P ——强迫力的圆频率。

试样中微元体 dV 内的等效质元 m 的受力本构关系式为:

$$m\frac{\partial^2 y}{\partial t^2} + \gamma \frac{\partial y}{\partial t} + \frac{SE_F}{l}y = F_0 \cos \omega_P t \tag{3.129}$$

振动微分方程为:

$$\frac{\partial^2 y}{\partial t^2} + \frac{\gamma}{m}\frac{\partial y}{\partial t} + \frac{SE_F}{ml}y = \frac{F_0}{m}\cos \omega_P t \tag{3.130}$$

令 $2\beta = \dfrac{\gamma}{m}$,$\omega_0^2 = \dfrac{SE_F}{ml} = \dfrac{E_F}{\rho l^2}$,$f_0 = \dfrac{F_0}{m}$,则微分方程为非齐次方程:

$$\frac{\partial^2 y}{\partial t^2} + 2\beta \frac{\partial y}{\partial t} + \omega_0^2 y = f_0 \cos \omega_P t \tag{3.131}$$

其全解为:

$$y = A_0 e^{-\beta t} \cos(\omega t + \varphi) + A_P \cos(\omega_P t + \varphi_P) \tag{3.132}$$

该受迫振动的方程由两个部分合成:第一部分是自由阻尼振动,为非齐次方程的通解,也就是当 $F(t) = 0$ 时的齐次微分方程的解,自由阻尼振动圆频率 $\omega = \sqrt{\omega_0^2 - \beta^2}$;第二部分是简谐振动,为非齐次方程的特解。系统经过一段振动时间后,阻尼振动的振幅迅速衰减并趋于零,受迫振动达到稳定状态,试样上某一质点的振动成为一个不变的简谐振动,即等幅振动。其振动方程为:

$$y = A_P \cos(\omega_P t + \varphi_P)$$ 　　(3.133)

可见,试样上质点受迫振动的基本特点,是试样做受迫振动的圆频率等于驱动力的圆频率,与试样的固有圆频率无关。

此式中的振幅 A_P 对于某一质点是恒定的,但是在整个试样长度上是不同的,即 A_P 是 x 的函数。

3.4.3.2　夹头运动时试样中波动方程及分析

在试样以平面简谐波传播的过程中,虽然各质元都按正弦(或余弦)规律运动,但在同一时刻各质元的运动状态都不尽相同。在任一时刻处在同一波面上的各质元的位相相同,位移也相同,因此只要给出一条波线上各质元的振动规律,就可以知道整个试样波动的传播规律。

由于试样上质点的振动依赖于振源的振动规律,对于试样上每一个质点,都可视为带动后续质点的振源。为了描述方便,令 $A_P = A$,$\omega_P = \omega$,$\varphi_P = \varphi$,式(3.133)可改写成波函数方程:

$$y = f(t, x) = A \cos\left[\omega\left(t - \frac{x}{u}\right) + \varphi\right]$$ 　　(3.134)

试样中质点的振动速度为:

$$\frac{\partial y}{\partial t} = -A\omega \sin\left[\omega\left(t - \frac{x}{u}\right) + \varphi\right]$$

试样受到剪应力时发生的剪应变为:

$$\frac{\partial y}{\partial x} = \frac{A}{u}\omega \sin\left[\omega\left(t - \frac{x}{u}\right) + \varphi\right]$$

由上述两式比较可得,试样上质点的振动速度 $\frac{\partial y}{\partial t}$ 与剪切应变 $\frac{\partial y}{\partial x}$ 的关系为:

$$\frac{\partial y}{\partial t} = -u \frac{\partial y}{\partial x} \tag{3.135}$$

该式是一阶波动方程，表示沿 x 正方向行进的波。在试样波形曲线中，由于质点的振动速度以正坐标方向为正，而质元的切应变（斜率）以直角减小为正，或者说以外法线顺时针方向转 90° 为正。

按照线弹性动力学理论的适用条件 $\frac{\partial y}{\partial x} \ll 1$，可知质点振动速度与波速的关系应为 $\frac{\partial y}{\partial t} \ll u$。因此，只有当试样质点的振动速度小于波速时，线弹性理论才能用于分析波动现象。这是判断标准波动方程适用条件的一个有用的判据[34]。

若试验装置夹头的最大动程为 8.8 cm，频率为 $f = n$(Hz)，夹头的平均运动速度为 $17.6n$(cm/s)；试样的波速 $u = \frac{\lambda}{T} = \lambda n$(cm/s)，根据线弹性动力学理论的适用条件，即 $17.6n \ll \lambda n$，因此，当试样波长 $\lambda \gg 17.6$ cm 时，才能符合标准波动方程适用条件。

由于自由振动的波动方程为：

$$\frac{\partial^2 y}{\partial t^2} = u^2 \frac{\partial^2 y}{\partial x^2} \tag{3.136}$$

将以上两式代入自由阻尼振动微分方程（相当于质点自由阻尼振动而形成的波动情况），可得某一时刻的自由阻尼波动微分方程：

$$\frac{\partial^2 y}{\partial x^2} + 2 \frac{\beta}{u} \frac{\partial y}{\partial x} + \left(\frac{\omega_P}{u}\right)^2 y = 0 \tag{3.137}$$

令 $\psi = \frac{\beta}{u}$，称为试样的波动阻率，也称波幅衰减系数；$2\left(\frac{\beta}{u}\right) = 2\psi = \frac{\gamma}{mu}$；系统阻尼振动圆频率 $\omega = \sqrt{\omega_P^2 - \beta^2}$，$\omega_P$ 为夹头的圆频率。可见，当有阻尼作用时，阻尼振动圆频率 ω 小于夹头圆频率 ω_P，即波形传播一个波长所需的周期 T 延长，但与传播距离无关。

在小阻尼作用下,该齐次常系数二阶常微分方程的通解为:

$$y = A\mathrm{e}^{-\frac{\beta}{u}x}\cos\left(\frac{\omega}{u}x + \varphi\right) =$$

$$A\mathrm{e}^{-\psi x}\cos\left(\frac{\omega}{u}x + \varphi\right) \tag{3.138}$$

该式为试样在受迫阻尼振动情况下,在 $t = 0$ 时刻,试样上质点沿 x 轴正方向传播的波动方程。若 $x = 0$,根据驱动机构 $\varphi = \pi/2$,此时的振幅就是夹头的振幅 $A = A_0$。

经过 $\Delta t = \dfrac{x}{u}$ 时刻,由受迫振动形成的试样波函数方程为:

$$y = f(t, x) = A_0 \mathrm{e}^{-\psi x}\cos\left[\omega\left(t - \frac{x}{u}\right) + \varphi\right] \tag{3.139}$$

织物飘逸波的波幅衰减指数关系也可通过积分方法解释,见附录 2。

在小阻尼作用时,试样上质点在任意时刻沿 x 轴正方向传播,振幅衰减的波函数方程有以下几种表达形式:

$$y = f(x) = A\cos\left[\omega\left(t - \frac{x}{u}\right) + \varphi\right] =$$

$$A_0 \mathrm{e}^{-\frac{\beta}{u}x}\cos\left[\omega\left(t - \frac{x}{u}\right) + \varphi\right] =$$

$$A_0 \mathrm{e}^{-\psi x}\cos\left[\omega t - \frac{\omega}{u}x + \varphi\right] =$$

$$A_0 \mathrm{e}^{-\psi x}\cos\left[\omega t - kx + \varphi\right] =$$

$$A_0 \mathrm{e}^{-\psi x}\cos\left[\omega t - \frac{2\pi}{\lambda}x + \varphi\right] \tag{3.140}$$

式中,根据波速式(3.17) $u = \sqrt{L_0\left(1 - \dfrac{x}{L}\right)g}$,得到:

$$\frac{x}{u} = 1 \Big/ \sqrt{\frac{gL_0}{L}\left(\frac{L-x}{x^2}\right)}$$

某一时刻的试样波动图形如图 3-35 所示。

式(3.140)由两个部分组成。前面的部分 $A_0 \mathrm{e}^{-\psi x}$ 为衰减波的振幅,随传播距离 x 延长,按指数规律衰减,与时间无关,各质点可保持各自振幅不变,但是不同质点之间,振幅有所不同,距离振源越远,波幅衰减越大,当试样有足够长时,即使交变驱动力继续作用,由于试样波动在传播过程中能量损耗,在远离夹头的某一点,振动也会停止。

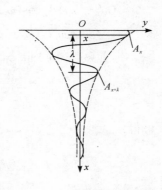

图 3-35 试样波动衰减图
Fig. 3-35 the figure of sample fluctuation attenuation

后面的部分 $\cos(\omega t - \kappa x + \varphi)$ 是弹性力作用下的周期运动。由于试样自上而下不同位置的质点所受到的强迫力、重力和阻尼等不同,使得试样沿波形传播方向,波长逐渐减小,试样单位长度内的波数 $\kappa = \dfrac{\omega}{u} = \dfrac{2\pi}{\lambda}$ 逐渐增大。因此,在 $t = t_0$ 时, $\cos(\omega t - \kappa x + \varphi)$ 为一个波长变化的余弦函数,波形传播距离 x 越大,波长越小;但是,因为试样的总波数有限,可视其为固定值。

3.4.3.3 试样飘逸时的振幅和初位相

在 $t = t_0$ 时刻,式(3.140)振动方程可改写为波动方程:

$$y = f(x) = A_\mathrm{P} \cos\left[\omega_\mathrm{P}\left(t_0 - \frac{x}{u}\right) + \varphi_\mathrm{P}\right] \tag{3.141}$$

将上式对时间进行一阶和二阶求导,得:

$$\frac{\mathrm{d}y}{\mathrm{d}t} = -A_\mathrm{P}\omega_\mathrm{P}\sin(\omega_\mathrm{P}t + \varphi_\mathrm{P})$$

$$\frac{\mathrm{d}^2 y}{\mathrm{d}t^2} = -A_\mathrm{P}\omega_\mathrm{P}^2\cos(\omega_\mathrm{P}t + \varphi_\mathrm{P})$$

代入式 (3.92) $\dfrac{\partial^2 y}{\partial t^2} + 2\beta \dfrac{\partial y}{\partial t} + \omega_0^2 y = f_0 \cos \omega_P t$，得：

$$(\omega_0^2 - \omega_P^2)A_P \cos(\omega_P t + \varphi_P) - 2\beta \omega_P A_P \sin(\omega_P t + \varphi_P) =$$
$$f_0 \cos \omega_P t [(\omega_0^2 - \omega_P^2)\cos \varphi_P - 2\beta \sin \varphi_P]\cos \omega_P t -$$
$$[(\omega_0^2 - \omega_P^2)\sin \varphi_P + 2\beta \omega_P \cos \varphi_P]\sin \omega_P t =$$
$$\frac{f_0}{A_P}\cos \omega_P t$$

可得：

$$(\omega_0^2 - \omega_P^2)\cos \varphi_P - 2\beta \omega_P \sin \varphi_P = \frac{f_0}{A_P}$$

$$(\omega_0^2 - \omega_P^2)\sin \varphi_P + 2\beta \omega_P \cos \varphi_P = 0$$

上述两式平方相加，得：

$$(\omega_0^2 - \omega_P^2)^2 + 4\beta^2 \omega_P^2 = \left(\frac{f_0}{A_P}\right)^2$$

得稳定后受迫振动的振幅和初位相为：

$$A_P = \frac{f_0}{\sqrt{(\omega_0^2 - \omega_P^2)^2 + 4\beta^2 \omega_P^2}} \tag{3.142}$$

$$\tan \varphi_P = -\frac{2\beta \omega_P}{\omega_0^2 - \omega_P^2} \tag{3.143}$$

　　试样受迫振动的振幅和初位相，不仅与振动系统的性质（固有圆频率 ω_0、阻尼系数 β）有关，而且与驱动力的圆频率 ω_P、力幅 F_0（或 f_0）有关，但与开始运动状态无关。这不像简谐振动或阻尼振动那样由起始条件决定。阻尼系数 β 越大，则试样上质点的振幅就越小，该质点维持此振幅做等幅振动。

　　当 ω_0、β 和 f_0 给定时，振幅 A_P 仅为强迫力圆频率 ω_P 的函数。振幅 A_P、强迫力圆频率 ω_P 和阻力系数 β 三者的关系如图 3-36 所示。

　　实际中常见阻尼不大的情况，即 β 较小，所以振幅达到最大值时，驱动机构外力频率与系统固有频率很接近。

下面分析几种特殊情况：

（1）若 $\omega_P \gg \omega_0$，则 $(\omega_0^2 - \omega_P^2) \approx \omega_P^4$，当 β 不太大时，$4\beta^2\omega_P$ 与 ω_P^4 比较，可忽略不计，故振幅 $A_P = f_0/\omega_P^2$ 较小。

（2）若 $\omega_P \ll \omega_0$，则 $(\omega_0^2 - \omega_P^2) \approx \omega_0^4$，又因 β 不太大，$4\beta^2\omega_P$ 与 ω_P^4 比较，可忽略不计，故振幅 $A_P = f_0/\omega_0^2 = F_0/k$ 也较小。

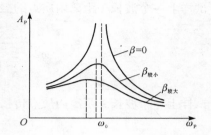

图 3-36　振幅、圆频率和阻力系数关系曲线
Fig. 3-36　the coefficient curve of amplitude, frequency and resistance

（3）若 $\omega_P = \omega_0$，则 $A_P = \dfrac{f_0}{2\beta\omega_P}$。当 β 很小时，振幅将很大。若 β 为零，即产生共振[35]。这种现象在试样的末端最容易出现。

通过上述分析，试样的振幅与各质点的所受强迫力、阻尼作用等因素有关。如果无阻尼作用，并且不考虑系统的圆频率变化，则此时的振幅就是夹头的移动振幅，初位相为零。随着波动状态传播能量的损耗，振幅逐渐减小。对于已给定的试样，当夹头的运动参数确定后，试样的波动曲线也就固定了。

3.4.3.4　飘逸波速分析

由于质点振动的阻尼系数 β 除了与空气因素有关外，还与织物中的纤维和纱线，以及织物结构等关系密切，因此振动的衰减系数 β 是一个重要的影响因素。

由于 $\omega = \sqrt{\omega_P^2 - \beta^2}$，可见试样质点的圆频率 ω 略小于驱动机构的圆频率 ω_P；根据 $\Delta = \ln\dfrac{A_x}{A_{x+\lambda}} = \beta T = \dfrac{2\pi\beta}{\sqrt{\omega_P^2 - \beta^2}}$，可得不同质点振动的阻尼系数 β：

$$\beta = \frac{\omega_P}{\sqrt{\left(\dfrac{2\pi}{\Delta}\right)^2 + 1}} \tag{3.144}$$

试样上一个波长 λ 距离内质点的振动阻率为：

$$\xi_P = \frac{\beta}{\omega_P} = \frac{1}{\sqrt{\left(\dfrac{2\pi}{\Delta}\right)^2 + 1}} \qquad (3.145)$$

试样上一个波长 λ 距离内质点传播的波动阻率为：

$$\psi = \frac{\beta}{u} = \frac{\Delta}{\lambda} = \frac{\omega_P}{u\sqrt{\left(\dfrac{2\pi}{\Delta}\right)^2 + 1}} \qquad (3.146)$$

当驱动圆频率一定时，随着波形传播距离的增长，振幅对数衰减率 Δ 减小，阻尼系数 β 减小，质点的振动阻率也减小；而质点的波动阻率 ψ，还要看波速减小的速率，由于试样长度有限，一般可视 ψ 不变。

由式（3.102），根据试样衰减波形参数，可得两个波峰间的波速公式：

$$u = \frac{\beta}{\psi} = \frac{\lambda}{T} = \frac{\lambda}{2\pi}\sqrt{\omega_P^2 - \beta^2} = \frac{\lambda \omega_P}{\sqrt{4\pi^2 + \Delta^2}} \qquad (3.147)$$

当驱动圆频率一定时，波速与波长 λ 成正比，且与振幅对数衰减率 Δ 有关。由于 Δ 相对于 $4\pi^2$ 较小，当 $\Delta = 0$ 时，$u = \dfrac{\lambda}{T} = \lambda f_P$。因此，$\Delta$ 对波速的影响较小，而波长 λ 对波速的影响较大。在某一时刻，测得两个波峰的振幅对数衰减率 Δ 及其波长 λ，便可得到该段波长的波速。

3.4.3.5　试样飘逸时的能量衰减分析

因波的能量（或强度）与振幅的平方成正比，故波的能量和波强衰减规律分别为：

$$w = w_0 e^{-2\psi x} \qquad (3.148)$$

$$I = I_0 e^{-2\psi x} \qquad (3.149)$$

波的能量密度如图 3-37 中 a 所示，而试样的波动曲线如图中 b

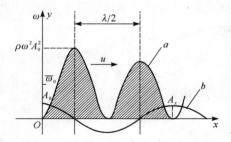

图 3-37　波的能量密度和波幅衰减图
Fig. 3-37　the figure of wave energy density and amplitude attenuation

所示。

由上图可见,由于阻尼作用,试样在波动传播过程中,飘逸波的能量按指数规律减小。

强迫阻尼振动的解 $y = A_0 \mathrm{e}^{-\psi x} \cos\left[\omega\left(t - \dfrac{x}{u}\right) + \varphi\right]$,严格地讲,不是一个周期性函数[36]。根据傅里叶分析,一个非周期性函数可看成频率在 $0 \sim \infty$ 范围内连续分布的简谐振动组成,即阻尼振动可视为由无限个频率连续分布的简谐振动的叠加,不同频率的简谐振动有不同的振幅 $A(\omega)$ 和相位常数 $\varphi(\omega)$。

在小阻尼作用下,如果试样振动的圆频率在固有圆频率附近,简谐振动的振幅将有最大值,即振动能量集中在频率为 $\omega_0 \pm \beta$ 范围内,如图 3-38 所示。

图中振动强度 $I(\omega)$ 与振幅平方成正比。因此,强迫阻尼振动除了系统力学性质相关的固有圆频率 ω_0 和驱动力圆频率 ω_P 的振动外,还有各种频率的振动。同时可看出,衰减系数 β 越大,如紧密的织物或不透气的织物,ω_0 附近的频率所构成的谱线宽度就越宽,频率 ω 在振动能量集中处的范围就越大。

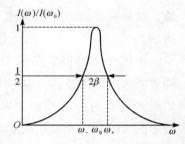

图 3-38　振动强度分布曲线
Fig. 3-38　vibration intensity distribution curve

3.4.3.6　试样飘逸时波形滞后角变化

试样在剪切力的作用下发生弯曲变形,在 x 位置,试样上 M 点的切线与 x 轴的夹角 $\theta(x)$ 为剪切变形[37]或曲线在 M 点的斜率(滞后角),如图 3-39 所示。

该变形值越大,说明试样变形的斜率越大,在试样波形曲线 M 点的斜率为:

$$\theta(x) = \tan\frac{\mathrm{d}y}{\mathrm{d}x} \approx \frac{\mathrm{d}y}{\mathrm{d}x} \qquad (3.150)$$

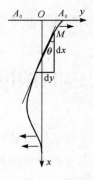

图 3-39　M 点的斜率
Fig. 3-39　the slope of point M

可见,在波形曲线上,波峰处的斜率为零,平衡点的斜率最大,因此可采用平衡点的斜率值来表示试样运动滞后值。该点的斜率越大,说明试样运动的滞后角就越大。

由试样波形的波幅衰减方程,可得试样斜率衰减方程:

$$\theta(x) = \frac{\partial y}{\partial x} \approx \theta_0 e^{-\psi x} \sin\left[\omega\left(t - \frac{x}{u}\right) + \varphi\right] \tag{3.151}$$

上式中,最大斜率值 $\theta_0 = 2\pi\dfrac{A_0}{\lambda}$(弧度)

为波形中试样上端第一个平衡点的斜率值。试样斜率衰减曲线如图 3-40 中 a 线所示。

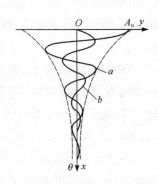

由图 3-40 可见,在整个试样长度中,随着波形向下传播,如图中 b 线,各平衡点的最大斜率 $\theta(x)$ 和波幅均发生衰减,由于波形曲线的斜率和波幅决定波长,因此,波形的波长必定随着波形向下传播而减小。

图 3-40 斜率曲线与波形曲线
Fig. 3-40 the slope curve and wave pattern curve

通过斜率衰减方程的斜率幅值,可看出波形的振幅与波长的比值 $\dfrac{A}{\lambda}$,反映了飘逸波曲线形态的丰满、纤细程度,称为飘逸形状系数。该值越大,波的高度越大,或越丰满。

3.5 试样中材料类型的动态特性分析

在试样波动过程中,试样产生运动滞后和衰减现象,这是因为纤维和纱线本身的能量损耗,以及外界空气阻力的阻尼作用。这里主要分析试样中纤维振动力学。

人们在讨论细而长的纺织纤维的力学性能时,较多的是讨论沿纤维轴向的力学性能,如轴向的弹性模量和回弹性等。弹性模量是纤维在外力作用时应力与应变之比值,由纤维的黏弹性质决定。动态弹性模量和损耗角正切等动态力学性能,是频率(时间)的函数。

3.5.1　纤维波动的动力学模型

织物飘逸变形,从宏观角度看,主要是织物横向受剪切力而弯曲变形。实际上,弯曲过程中纤维主要承受拉伸作用力,所以弯曲和拉伸一样,会出现蠕变和松弛[15]。由于织物的飘逸形态是大弯曲变形形成的,从微观上看,是织物中的纤维和纱线的拉伸变形。为了讨论方便,现将试样的大弯曲变形,借用拉伸变形进行分析。

在试样和驱动机构两者构成的振动系统中,纤维为黏弹性体,表现出黏弹性行为。试样的波动过程可采用一个简单二元件力学模型——Kelvin 模型表述(图 3-41)。

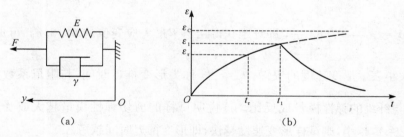

图 3-41　Kelvin 模型及蠕变曲线
Fig. 3-41　Kelvin model and creep curve

Kelvin 模型由一个弹性模量为 E 的弹簧(又称虎克体)和一个阻尼系数为 γ 的阻尼器(又称牛顿体)并联而成。其中:弹簧元件服从虎克定律,在简单剪切情况下,剪切力为弹性模量×质元位移,即 $F_E = Ey$,呈现瞬时弹性性质;而阻尼器服从牛顿流体的本构关系,在简单剪切情况下,阻尼力等于阻尼系数×移动速度,即 $F_\gamma = \gamma \dfrac{\mathrm{d}y}{\mathrm{d}t}$,由于阻尼力与变形速度成正比,所以阻尼器具有延迟变形的黏滞性质。该模型的形变与两个并联力学元件的应变相同,而外力为两个元件作用力之和,即:

$$F_\tau = F_\gamma + F_E$$

该模型的特点是：两个力学元件的应变相同，剪切外力由阻尼器和弹簧共同承担。

3.5.1.1　恒外力作用的形变变化

当外力不变时，该模型的试样受力本构关系式为：

$$F_\tau = \gamma \frac{\mathrm{d}y}{\mathrm{d}t} + Ey \tag{3.152}$$

解此微分方程式，由初始条件，$t = 0$ 时，$\varepsilon(0) = 0$，可得到纤维形变随时间变化的关系式：

$$\varepsilon(t) = \frac{F_\tau}{E}(1 - \mathrm{e}^{-t/t_\tau}) \tag{3.153}$$

可见，当 $t \to \infty$ 时，变形趋向于最大恒定值 $\varepsilon_c = \dfrac{F_\tau}{E}$；当 $t = t_\tau$ 时，$\varepsilon(t_\tau) = \varepsilon_\tau = 0.633 \dfrac{F_\tau}{E}$，即纤维获得相当于最大应变值的 63.3%。可见，t_τ 的大小表示形变速度的快慢。$t_\tau = \dfrac{\gamma}{E}$ 称为形变推迟时间，与阻尼系数成正比，与纤维的弹性模量成反比。这说明试样的剪切弹性模量越大或受到的阻尼系数越小，则试样形变速度越快，即形变推迟时间越短。

当时间到达 t_1 时，如果停止施加外力，即 $F_\tau = 0$，由该模型的试样受力本构关系式，可得到以下关系式：

$$\gamma \frac{\mathrm{d}y}{\mathrm{d}t} + Ey = 0 \tag{3.154}$$

由初始条件，当 $t = t_1$ 时，$\varepsilon(t_1) = \varepsilon_1 = \dfrac{F_\tau}{E}(1 - \mathrm{e}^{-t_1/t_\tau})$；在时间超过 t_1 后，设回复时间为 $\Delta t = t - t_1$。

解此方程得试样蠕变回复方程式[3]：

$$\varepsilon(t) = \varepsilon(t_1)\mathrm{e}^{-\Delta t/t_\tau} \tag{3.155}$$

可见，当 $\Delta t \to \infty$ 时，试样的应变完全回复，即 $\varepsilon(t) \to 0$。实际上，试样的

飘逸阻力很小,在夹头停止运动后的较短时间内,试样弯曲形态立刻消失而伸直。如果 $\Delta t = t_\tau$,由上式可见 $\varepsilon(t_\tau) = \dfrac{1}{e}\varepsilon(t_1)$,即试样回复量为 t_1 时刻应变值的 36.7%。因此,形变推迟时间 t_τ 不但是表示纤维受力时应变速度增加快慢的程度,也是表示试样卸载后形变回复快慢的程度。该模型在恒定力作用时,不论是受力变形还是卸载回复变形,都随时间按指数规律增加或减小。

3.5.1.2　交变外力作用的形变变化

当试样受一个余弦交变力作用时,该模型的试样受力本构关系式为:

$$m\frac{\mathrm{d}^2 y}{\mathrm{d}t^2} = \gamma\frac{\mathrm{d}y}{\mathrm{d}t} + Ey \qquad (3.156)$$

当小阻尼作用时,上式求解,得系统的运动微分方程:

$$y = A_0 \mathrm{e}^{-\beta t}\cos(\omega t + \varphi) \qquad (3.157)$$

式中: $2\beta = \dfrac{\gamma}{m}$ 。

上式说明,施加到纤维上的交变信号,随着时间的延长,纤维上质点的振幅将按指数规律衰减,衰减的程度与衰减系数(即纤维内耗、空气阻力等因素)有关。

3.5.2　纤维动态弹性模量和内耗

纤维在动态余弦交变剪应力的作用下,其剪应变总是落后于剪应力一个相位角 δ,也称滞后角或损耗角[3]。这个相位角为 $0 \sim \pi/2$。这是一般纺织材料共有的力学行为。当相位角 δ 等于零时,即应力和应变同相,纤维表现为虎克弹性体;当相位角 δ 等于 $\pi/2$,即应变滞后于应力 $\pi/2$ 相位时,纤维表现为牛顿流体。

根据纺织物理,对于黏弹体而言,表征其力学行为需要两个模量,即动态弹性模量 E'(贮能模量或实数模量)和动态损耗模量 E''(虚数模量)。

当纤维上施加的余弦交变应力为:

$$\sigma(t) = \frac{F(t)}{S} = \sigma_0 \cos(\omega t + \delta) \qquad (3.158)$$

纤维产生相应的剪应变：

$$\varepsilon(t) = \varepsilon_0 \cos \omega t \qquad (3.159)$$

由展开公式：

$$
\begin{aligned}
\sigma(t) &= \sigma_0 \cos(\omega_{\mathrm{p}} t + \delta) = \\
&\sigma_0 \cos \delta \cos \omega t - \sigma_0 \sin \delta \sin \omega t = \\
&\varepsilon_0 \frac{\sigma_0}{\varepsilon_0} \cos \delta \cos \omega t + \varepsilon_0 \frac{\sigma_0}{\varepsilon_0} \sin \delta \cos\left(\omega t + \frac{\pi}{2}\right) = \\
&E'' \varepsilon_0 \cos \omega t + E' \varepsilon_0 \cos\left(\omega t + \frac{\pi}{2}\right)
\end{aligned}
\qquad (3.160)
$$

式中：$E' = \dfrac{\sigma_0}{\varepsilon_0} \cos \delta = E \cos \delta$。

E' 称为动态弹性模量，代表纤维弹性部分的作用，与纤维大分子的键长、键角和分子链间次价键的形变有关：

$$E'' = \frac{\sigma_0}{\varepsilon_0} \sin \delta = E \sin \delta$$

E'' 称为动态损耗模量，代表材料中黏流部分的作用，与大分子链间的相互滑移或摩擦产生的黏滞作用有关。实数模量 E' 和虚数模量 E'' 的关系表示在复平面上，如图 3-42 所示。复模量为：

$$E^* = E' + \mathrm{i} E'' \qquad (3.161)$$

在交变外力作用下，产生能量消耗。就 Kelvin 模型而言，在形变推迟时间 t_τ 的滞后角 $\delta = \omega t_\tau = \dfrac{\gamma}{E} \omega$，因此损耗角正切或内耗为[15]：

$$\tan \delta = \frac{E''}{E'} = \frac{\gamma}{E} \omega \qquad (3.162)$$

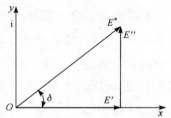

图 3-42　复平面复数模量构成图
Fig. 3-42　constitution diagram of
complex modulus of complex

损耗角正切 $\tan\delta$ 反映纤维中黏性和弹性部分的比例。在一个周期的余弦交变外力作用后,单位体积黏弹性材料所消耗的功 w 为:

$$w = \int_0^T \sigma d\varepsilon = \int_0^T \sigma_0 \cos(\omega t + \delta) d\varepsilon_0 \cos\omega t =$$
$$\pi E'' \varepsilon_0^2 = \pi E' \varepsilon_0^2 \tan\delta \tag{3.163}$$

式中: w——交变外力作用时的体积比功;

E'——模型中弹簧的弹性模量;

ε_0——每一循环中最大应变;

δ——交变外力作用的损耗角。

由上述两式可见,当纤维内没有黏滞作用时,即为完全弹性体,$\gamma = 0$,此时 $\tan\delta = 0$,没有任何功损耗,即 $w = 0$;相反,有黏滞作用时,体积比功与 $\tan\delta$ 成正比。这种功的损耗完全是应力和应变变化同频率但不同相位的结果。损耗的功使得纤维发热,并且容易产生纤维热老化,直接影响纤维的耐疲劳性。

重复拉伸每一个循环中,纤维和纱线消耗的功和动态模量见表 3-2。

表 3-2 纤维和纱线消耗的功和动态模量[15, 3]

Table 3-2 fiber and yarn consumed function and the dynamic modulus[15, 3]

纤维种类	静 态		动 态					
	断裂强度/MPa	初始模量/GPa	弹性模量/GPa			损耗角正切 $\tan\delta$		
			1 Hz	100 Hz	100 kHz	1 Hz	100 Hz	100 kHz
黏胶	60.08	3.53~5.29	12.7	13.7	13.7	0.05	0.03	0.04
醋酯	39.2	2.21~3.53	4.9	4.9	5.9	0.03	0.03	0.04
生丝	49.0	4.41	15.7	14.7	14.7	0.02	0.02	0.02
熟丝	51.9	—	11.8	12.7	14.7	0.03	0.03	0.03
锦纶	39.2	0.71~2.65	4.9	4.9	5.9	0.09	0.07	0.10

织物飘逸美感及其评价

从表中可见,纤维材料的动态弹性模量高于静态的,并且随着交变频率的增加略有提高。损耗角正切 $\tan\delta$,除锦纶略高,其他几种纤维的差别不大。

纤维的动态力学性质的上述指标 E'、E'' 和 $\tan\delta$ 是交变外力圆频率的函数。纤维动态弹性模量与频率关系[3](频率-力学谱)见图 3-43。

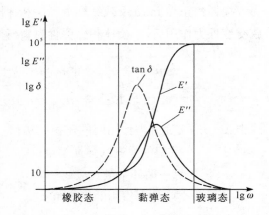

图 3-43   动态弹性模量与频率的关系
Fig. 3-43   the relationship between dynamic elastic modulus and frequency

从图中可见,动态损耗模量 E'' 和内耗 $\tan\delta$ 在中频率段存在波峰值,可以认为这是纤维内部分子链段或基团的运动,将弹性能转变成为分子运动的热能而消耗掉所形成的。纤维在低频率和高频率交变外力作用时,纤维的动态力学性能表现为橡胶态和玻璃态,而该两态的动态力学性能表现都较低,并且较平稳。

弹性模量的两个极端形式为相当于虎克弹性变形的结晶相和橡胶弹性变形的无定形相。纺织纤维极少是纯粹的单相结构,有些接近于橡胶型结构,如氨纶;有些较接近于符合虎克定律的结晶型结构,如麻、芳纶和碳纤维等;而大多数纤维介于两者之间。

假设测试过程在真空环境中,不考虑空气阻力。由测试获得的波动衰减曲线,计算得到的振幅对数衰减率 Δ,主要是纤维内部损耗和纱线中内摩擦产生的。设后者很小,可不考虑,则此时的衰减系数 β 可认为就是滞后角或损耗角 δ(分贝/cm),即:

$$\delta = \beta = \frac{\Delta}{T} = \frac{\ln A_t - \ln A_{t+T}}{T} \tag{3.164}$$

当波幅没有衰减时,$\delta = 0$,说明试样没有能力消耗 $w = \pi E''\theta_0^2 = 0$,试样为虎克弹性体;当 $A_t > A_{t+T}$ 时,$\delta > 0$,试样振动消耗能量,由纤维动态损

耗模量 $E'' = \dfrac{\sigma_0}{\varepsilon_0}\sin\delta$ 可知,当损耗角 $\delta = \dfrac{\pi}{2}$ 时,动态损耗模量达到最大,试样能量消耗最大,即 $w = \pi E\varepsilon_0^2$,试样衰减最大。通过振幅的衰减,可计算出没有空气阻力作用的纤维衰减系数、动态弹性模量和动态损耗模量等材料的特性常数。

同理,在大气环境中测试时,有空气阻力的作用,可计算得到有空气阻力作用的纤维材料的特性常数。比较两种不同环境下的测试结果,可知道空气阻尼的大小。

对于强迫振动系统,圆频率为驱动机构的圆频率 ω,是可调的。当驱动机构的圆频率 ω 等于纤维的固有圆频率 ω_0 时,振幅达到最大;当 $\omega = \omega_0 = \beta$ 时,驱动力迫使纤维维持做临界阻尼振动。在纤维长度方向,任何一个质点振动的振幅 A_x 是不变的,也就是说,外界驱动力所做的功与该质点振动所消耗的能量平衡,振动系统以纤维的固有圆频率维持振动。根据本章推导的固有圆频率 $\omega_0 = \dfrac{1}{l}\sqrt{\dfrac{E_F}{\rho}}$ 可知,此时的动态弹性模量 $E' = E_F = \rho l^2 \omega_0^2 = \dfrac{ml}{S}\omega_0^2$。这与强迫共振法测弹性的模量公式是一致的[3]。

3.6　本章小结

（1）对单向飘逸测试装置的飘逸试样进行了受力分析,通过理论分析可知,在夹头频率一定时,试样宽度增大,飘逸波幅随着增大;而织物的质量越大或长度越长,飘逸波的波长就越长,波幅就越小。

（2）织物的弯曲刚度是影响飘逸弯曲程度的因素之一。织物的弯曲刚度除了与纱线的弯曲刚度线性相关外,随着飘逸织物被测系统的纱线根数增加或纱线的屈曲缩率减小而增大。在常见纤维中,细羊毛、蚕丝和锦纶 6 的弯曲刚度较小,而麻纤维和涤纶较大。当试样长度小于波长时,织物飘逸滞后角代表织物飘逸的难易程度,若织物的弯曲刚度越大,织物的飘逸滞后角就越小,说明织物飘逸性越差。

（3）织物单向飘逸波的形成是由驱动装置的四连杆滑块机构完成的,夹头运动机构符合简谐运动规律,织物上质点的波动方程或波函数式为:

$$y = f(t, x) = A\cos\left[\omega\left(t - \frac{x}{u}\right) + \varphi\right]$$

（4）试样飘逸波的波速与试样长度 L_0、飘逸后变形长度 L 或弯曲缩率 c,以及试样长度上波速观测点位置 x 有关。其关系式为式(3.59),即:

$$u = \sqrt{L_0\left(1 - \frac{x}{L}\right)g} =$$

$$\sqrt{\left[L_0 - \frac{x}{1 - c/100}\right]g}$$

当夹头频率、试样尺寸和变形长度一定时,波速随着传播距离的延长而减小。

（5）织物飘逸波强度与织物密度 ρ_F、波长 λ、波幅 A 的平方和夹头频率 f 的三次方成正比。其关系式为式(3.88),即:

$$\overline{I} = u\overline{w} = \frac{1}{2}u\rho_F A^2 \omega^2 =$$

$$2\pi^2 \rho_F \lambda A^2 f^3$$

（6）织物悬垂的固有圆频率与试样长度、密度和弯曲弹性系数有关。其关系式为式(3.93),即:

$$\omega_0 = \frac{1}{L_0}\sqrt{\frac{E_F}{\rho_F}}$$

（7）当织物以固定频率带动达到飘逸稳定时,试样波函数方程式为式(3.139),即:

$$y = f(t, x) = A_0 e^{-\psi x}\cos\left[\omega\left(t - \frac{x}{u}\right) + \varphi\right]$$

随着波幅衰减系数 ψ 的增大或传播距离 x 的延长,飘逸波幅按指数规律减小;后一项为一个变化圆频率的余弦函数,随着传播距离 x 的延长,波形

函数的波长越小。不同质点对数振幅衰减系数与波幅衰减系数的关系为

$$\Delta = \ln \frac{A_0}{A_x} = \psi x。$$ 波强衰减规律为 $I = I_0 \mathrm{e}^{-2\psi x}$。

（8）织物飘逸波动时，纤维的波动过程可采用一个简单二元件力学模型——Kelvin 模型进行表述。

参考文献

［1］魏墨庵. 机械振动与机械波［M］. 北京：人民教育出版社，1978：48，1-5.

［2］叶新新. 定位球空中运行过程中所受空气阻力的理论分析［J］. 沈阳体育学院学报，2005，1(24)：63.

［3］于伟东. 纺织物理［M］. 上海：东华大学出版社，2002：127，366，344，90-98，83.

［4］李栋高. 纤维材料学［M］. 北京：中国纺织出版社，2006：201.

［5］孙炳合. 织物弯曲性能研究的动态和新方法［J］. 上海纺织科技，2000(6)：3.

［6］李栋高. 纺织品设计学［M］. 北京：中国纺织出版社，2006：225.

［7］孔令剑. 纱线及织物弯曲特性的分析［J］. 纺织学报，1997，1(18)：14-16.

［8］王府梅，燕飞. 机织物及其纱线弯曲性能的实验研究［J］. 东华大学学报（自然科学版），2002，1(28)：91.

［9］王府梅. 服装面料的性能设计［M］. 上海：东华大学出版社，2000：184.

［10］于伟东. 纺织材料学［M］. 北京：中国纺织出版社，2006：303，302.

［11］徐军. 织物弯曲刚度各向异性的探讨［J］. 山东纺织科技，1999(1)：8.

［12］同济大学数学教研室. 高等数学［M］. 北京：高等教育出版社，1996：209-213，382，383.

［13］杜赵群. 纱线与织物同机弯曲表征及建模分析［D］. 上海：东华大学，2005：12.

［14］朱苏康. 测定纱线弯曲刚度的实验方法［J］. 中国纺织大学学报，1992，3.

织物飘逸美感及其评价

[15] 姚穆. 纺织材料学[M]. 3 版. 北京:中国纺织出版社,2009:258,267,
257,62,253,254.

[16] Sears F W. 大学物理学(第一册)[M]. 北京:人民教育出版社,
1979:314.

[17] 杨桂诵,张善元. 弹性动力学[M]. 北京:中国铁道出版社,1988:5.

[18] 刘裕瑄,陈人哲. 纺织机械设计原理(下册)[M]. 北京:中国纺织出版
社,1981:74.

[19] Sears F W. 大学物理学(第二册)[M]. 北京:人民教育出版社,1979:
170,192.

[20] 林国昌,万志敏,杜星文. 机织织物剪切行为研究[J]. 航空学报,2007,
(28)4:1005-1008.

[21] Lo W M. 机织物在各个方向上的剪切性能[J]. 纪峰,译. 郭永平,校. 国
外纺织技术,2003,4(217):39-42.

[22] 徐健. 纤维复合材料圆管的扭转剪切模量和弯曲剪切模量对比分析
[J]. 玻璃钢,2001(3):1-5.

[23] 王瑞旦. 机械振动和机械波[M]. 湖南:湖南人民出版社,1978:66.

[24] Sears F W. 大学物理学(第三册)[M]. 北京:人民教育出版社,
1979:76.

[25] 姜大华,程永进. 大学物理(上册)[M]. 湖北:华中科技大学出版社,
2008:221.

[26] 郑平. 造纸毛毯抗弯刚度和固有频率关系分析[J]. 东华大学学报(自然
科学版),2008,(6).

[27] 李金锷. 工科大学物理基本教材(下册)[M]. 天津:天津大学出版社,
1989:88.

[28] 蒋德才. 海洋波动动力学[M]. 青岛:青岛海洋大学出版社,1992:92.

[29] 叶新新. 定位球空中运行过程中所受空气阻力的理论分析[J]. 沈阳体
育学院学报,2005,2(24):62.

[30] 周茂堂. 大学物理(第一册)[M]. 辽宁:大连理工大学出版社,2001,
(1):88.

[31]　饶瑞昌. 大学物理学（上册）[M]. 湖北：华中科技大学出版社，
　　　2009：119.

[32]　Thomson W T. 振动理论及其应用[M]. 胡宗武，译. 北京：煤炭工业出
　　　版社，1980：28.

[33]　张玉惕. 纺织品服用性能与功能[M]. 北京：中国纺织出版社，2008：21.

[34]　廖振鹏. 工程波动理论导论[M].（2 版）. 北京：科学出版社，2002：9.

[35]　程守洙，江之永. 普通物理学（第三册）[M]. 北京：人民教育出版社，
　　　1961：24.

[36]　刘果红，盛守奇. 阻尼振动的傅里叶分析[J]. 安徽建筑工业学院学报
　　　（自然科学版），2005，（2）：7-9.

[37]　吴斌，韩强，李忱. 结构中的应力波[M]. 北京：科学出版社，2001：5.

织物飘逸美感及其评价

第4章　织物飘逸性能指标及实测波形分析

织物单向飘逸性指标主要借鉴波动学和动态悬垂性的相关表述,结合织物飘逸的特点而制定的,通过对不同织物飘逸性指标的测试,客观地反映织物飘逸性能,以及评价织物飘逸性的优劣。

织物测试装置的夹头频率、试样长度、宽度、弯曲刚度,以及面密度对织物的飘逸形态有着密切的关系。本章将介绍织物飘逸性能指标,通过多种试样实测波形的参数数据,分析飘逸形态的影响因素。

4.1　牵动飘逸性评价指标

织物飘逸性的客观评价指标可分为基本指标和综合指标两类。基本指标是指织物飘逸波形中测得的单一飘逸行为的基本物理指标;综合指标是通过对飘逸波形的基本数据主因子分析的指标。根据人眼的视觉特性,可分为飘逸强度、飘逸形态和飘逸波幅衰减三个综合指标:飘逸强度(飘逸度)包括波长、波面积和波强度等;飘逸形态包括形状系数、波形曲率和波幅等;飘逸波幅衰减包括衰减系数等。综合指标内容将在第五章第三节介绍。

4.1.1　牵动飘逸测试基本指标

飘逸基本指标是飘逸波最基本的物理指标和计算指标,如波幅、波长、波长比、频率、波形面积、波形状系数、波数、波形曲率、织物屈曲收缩率、波幅衰减系数、波长衰减比、飘逸速度感、飘逸波速、飘逸波强度和飘逸性均匀度等。实测时,波形的半波数范围一般为3～5个。

4.1.1.1 飘逸波幅

飘逸波幅 A 是指试样上的质点离开平衡位置的最大距离,单位为"cm"。波幅描述织物屈曲幅度的大小,对人眼视觉刺激较为敏感,在某种程度上也表达了试样波动的强弱。波长一定时,波幅越大,织物飘逸程度就越大。一般波源夹头的振幅是固定值,由于阻尼作用,随着传播距离的增加,波幅将逐渐减小,因此,一般用半波的波幅 $A_i(i=1,2,3,\cdots)$ 进行表征。

4.1.1.2 波长和波长比

波长是指试样波形图中一个完整波的长度,即相邻的波峰或波谷间的距离,单位为"cm"。波长是试样上质点完成一次全振动所传播的距离,所以波长的长度与波速 u 和周期 T 有关,即波长由波源和试样共同决定。波幅一定时,波长越长,织物飘逸程度越缓和。

波长比 λ/L 是指波长占试样变形长度的比值。通常情况下,$\lambda/L < 1$。它是试样波长的相对指标,其倒数为波形的波数值。

由于试样波长的衰减和波形的尾端状态不稳定,一个波长内两个半波长度也会出现不同的现象,因此常采用半波长 λ_i 描述。

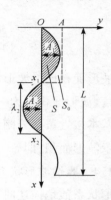

图 4-1 飘逸系数测试原理图
Fig. 4-1 the testing theorem diagram of deformation coefficient

4.1.1.3 飘逸波形面积

飘逸波形面积是指一个半波波形曲线与波线 x 轴所包围的面积,单位为"cm²"或"m²"。当夹头移动到平衡点时,试样波形为正弦曲线,如图 4-1 所示。

设一个半波波长为 $\Delta x_i = \lambda_i = x_i - x_{i-1}$,波高为 A_i,其波形面积为:

$$S_i = A_i \int_{x_{i-1}}^{x_i} \sin \cdot \frac{\pi}{\Delta x_i} x = A_i \frac{\Delta x_i}{\pi}\left[-\cos \frac{\pi}{\Delta x_i} x\right]_{x_{i-1}}^{x_i} =$$

$$2A_i \frac{\Delta x_i}{\pi} = 0.637 A_i \Delta x_i = 0.637 A_i \lambda_i \tag{4.1}$$

波形面积包含波幅和波长两个指标,波幅或波长越大,波形面积越大。在驱动机构频率一定的情况下,波形面积越大,织物抵抗弯曲变形的能力越强,说明织物越不容易产生飘逸波动。波形面积越大,说明波形的体量越大,波形的显示度就越大,给人以呆板硬挺的感觉。

在波形面积一定的情况下,波形可分为大波幅短波长、中波幅中波长和小波幅长波长三种类型。

波形面积比是指试样半波区域的矩形面积 S_0 与半波曲线面积 S 之比,表达式为:

$$\frac{S}{S_0} = \frac{2A_i\Delta x_i/\pi}{A_i\Delta x_i} = \frac{2}{\pi} = 0.637$$

波形面积比是波形面积的相对指标。对于正弦(或余弦)曲线的试样波形而言,波形面积比为一定值,波形曲线包围的面积占矩形面积为 63.7%,该值基本接近黄金分割值[1] 2/3。为了简化计算,通常用波幅与半波长乘积来表示波形面积,即 $S_i = A_i\lambda_i$。

4.1.1.4 飘逸波形状系数

形状系数是描述曲线形态的丰满、纤细程度。该值越大,波形的高度所占比例越大,越丰满。

在波形传播过程中,由于存在波幅衰减,以及试样测试长度的限制,一般采用半波形形状系数,即一个半波的波幅与半波长之比 $\Omega_1\left(\frac{A_i}{\lambda_i}\right)$。在一个完整的波形中,利用平衡轴两侧的半波形形状系数可比较其形状的变化。

为了减少试样在飘动过程中飘离波轴线所造成的误差,可采用高差(波峰与波谷的高差)与间距(波峰与波谷的间距)的比值表示:

$$H = \frac{h_1 - h_2}{x} \tag{4.2}$$

式中:H——飘逸形状系数;

h_1 —— 波峰高度值(cm);

　　h_2——波谷高度值(cm)；

　　x——波峰到波谷之间的距离(cm)。

4.1.1.5 波数和波形屈曲度

　　在试样尺寸和夹头频率一定时，波数 N 的多少表现了飘逸能力。波数越多，织物的飘逸能力越强，即飘逸感越好。因试样长度有限，在实测中，也可用半波数表达。由于波形中会出现非完整波的情况，准确确定波数较为困难。

　　波形屈曲度表示单位长度内的波数，屈曲度＝100/波长。该值越大，表示飘逸波密度越大，或飘逸波的曲率越大。

4.1.1.6 波形曲率

　　平面曲线的曲率 K 表明曲线偏离直线的程度，描述织物的流畅圆滑程度。曲线上某点处的曲率与曲率半径 ρ 互为倒数，即 $K = \dfrac{1}{\rho}$。曲率越大，表示曲线的弯曲程度越大，弯曲越厉害。如果试样波形曲线函数 $y = f(x)$ 已知，那么曲率的计算式[2]为：

$$K = \frac{|y''|}{(1 + y'^2)^{\frac{3}{2}}} \tag{4.3}$$

当 $t = 0$ 时，波形曲线为：

$$y = A\cos \frac{2\pi}{\lambda}x \tag{4.4}$$

对上式微分，得：

$$y'' = -A \left(\frac{2\pi}{\lambda}\right)^2 \cos \frac{2\pi}{\lambda}x$$

$$(1 + y'^2)^{3/2} = \left[1 + \left(A\frac{2\pi}{\lambda}\right)^2 \sin^2 \frac{2\pi}{\lambda}x\right]^{3/2}$$

代入式(4.3)，当 $x = 0$ 时，曲线曲率 $K = A\left(\dfrac{2\pi}{\lambda}\right)^2$；当 $x = \dfrac{\lambda}{4}$ 时，曲线曲率 K 为零；当 $1 \gg A\dfrac{2\pi}{\lambda}$ 时，曲率 $K \approx |y''|$。

因此,可采用 $x=0$ 时的曲线曲率 $K = A\left(\dfrac{2\pi}{\lambda}\right)^2$ 来表示波形曲线的弯曲程度,波长越大或波幅越小,波形曲线的曲率越小,试样弯曲的程度越小。当 $\lambda = 2\pi$ 时,试样在 $x=0$ 位置的曲线曲率 $K = A$,振幅越大,曲率就越大,试样弯曲越厉害。

4.1.1.7　织物屈曲收缩率

织物飘逸时屈曲变形,长度产生收缩变化,可用屈曲收缩率 C(%)表示,表达式为:

$$C = \frac{L_0 - L}{L_0} \times 100 \tag{4.5}$$

式中:L_0——织物波动前长度(cm);

　L——织物波动后长度(cm)。

在试样尺寸和夹头频率一定时,屈曲收缩率 C 越大,织物的飘逸性越好。由于测试试样尾端飘动的不稳定,造成试样波动后长度的读数难以确定,试样屈曲收缩率的误差较大。

4.1.1.8　波幅衰减系数

飘逸波幅衰减系数 ψ,是指单位波长内相邻两个波幅比的对数平均值。这是由于织物在飘逸波形传播过程中吸收机械波的能量而造成的,在织物长度方向,不同点处的波幅不相同。波幅衰减系数 ψ(dB/cm)的表达式为:

$$\psi = \frac{\ln A_0 - \ln A}{\lambda} \tag{4.6}$$

上式中,A_0 和 A 分别为一个波长前后的波幅。织物波幅衰减系数越大,沿织物波形传播方向波幅的衰减量就越大。一般来讲,织物越松软,波幅衰减系数越大。

4.1.1.9　波长衰减比

波长衰减比是指相邻两个半波的波长之比,即 λ_2/λ_1。由于波长随传播距离的延长而减小,因此波长衰减系数小于1。

4.1.1.10　飘逸速度感

织物的飘逸性能主要描述织物的动态性能。在人的视野中,运动的东西,常具有吸引注意力的能量[3]。因此,织物在飘逸过程中的速度感是织物飘逸感的主要客观物理性评价指标。飘逸速度感表述了织物飘逸运动的变化速率。试样上各质点的频率越大,飘逸速度感就越大;波形的波速越大,飘逸速度感也越大。

4.1.1.11　试样波动频率、周期和圆频率

试样波动频率 f 表现了织物上各质点的往复波动快慢。由于织物飘逸为机械波(横波)传播而产生的,波动频率是人们对织物飘逸视觉最为敏感的指标之一。织物波动频率越高,飘逸速度感就越大。

在一秒钟内,试样上质点完成全振动的次数叫作频率,即夹头的往复运动次数。频率的单位是"Hz",1 Hz 即为 1 次/s;也可用"次/分"为单位。试样夹头振动的频率,为每秒内夹头往复运动的次数;波形的频率主要是由振源决定的,在无阻尼情况下,试样波形的频率就是波源夹头的振动频率。在进行试样测试时,夹头频率一般为固定值。

同样表现织物波动快慢的还有周期和圆频率。周期 T,指波形前进一个波长的距离所需的时间(s 或 min)。周期和频率互为倒数关系。圆频率 ω,指试样做简谐振动时,工作圆单位时间转过的弧度,单位为"rad/s"。它与频率的关系为 $\omega = 2\pi f$。

4.1.1.12　试样飘逸波速

试样飘逸波速 u 是指单位时间内波形所传播的距离,单位为"cm/s"。其表达式为:

$$u = \frac{\lambda}{T} = \lambda f \qquad (4.7)$$

飘逸的波速描述了沿着试样长度方向波形移动的速度。它也是人的视觉最为敏感的指标之一。波速越大,织物飘逸速度感越强。

波速由织物和波源共同决定。在波源频率和动程一定的情况下,波速决定于试样的特性。织物能传播波,是因为织物中各质点间有剪切力的作用,剪切力越大,各质点对运动的反应越灵敏,则波形的传播速度越大。

由第 3 章的动力学分析可知,假设线绳两端固定绷紧,忽略重力作用,按式(3.55),其波速为:

$$u = \sqrt{\frac{T}{\rho_y}} \tag{4.8}$$

式中：T——线绳的张力；

ρ_y——线绳的每米质量。

假设试样中各处的张力不变，绷紧的试样在横向剪切力的作用下产生剪切变形，按式（3.77），织物波动的波速为：

$$u = \sqrt{\frac{E_F}{\rho_F}} \tag{4.9}$$

式中：ρ_F——织物试样的密度（kg/m³）；

E_F——织物试样的剪切弯曲模量（N/m²×10⁶）。

对于自由悬垂织物的单向飘逸，织物内的张力自上而下是逐渐减小的。织物长度方向上不同 x 处的波速为：

$$u = \sqrt{L_0 \left(1 - \frac{x}{L}\right) g} \tag{4.10}$$

式中：L_0——试样波动前的长度（cm）；

L——试样波动屈曲后的长度（cm）；

g——重力加速度（cm/s²）。

在 t 时刻，当 $x=0$ 和 $x=L$ 时，$u_{(0)} = \sqrt{gL_0}$ 和 $u_{(L)} = 0$，试样的平均波速为：

$$\bar{u} = \frac{u_{(0)} + u_{(L)}}{2} = \frac{1}{2}\sqrt{gL_0} \tag{4.11}$$

将该平均波速代入式（4.10），得到该平均波速在 x 轴上的位置 $x = \frac{3}{4}L$。

一般来讲，过于硬挺的织物，波速太大；相反，过于柔软的织物，波速太小。飘逸美感的织物应介于两者之间。

4.1.1.13 织物飘逸波强度

织物飘逸波强度是描述单位时间内试样波能量流动的大小。它是表示试样波强弱的指标,也可称为平均能流密度,即一个波长单位时间内通过织物单位面积的平均能量密度,用 $\bar{I}$ 表示,单位为"W/m²"或"J/s·m²"或"N·m/s·m²"。其表达式为:

$$\bar{I} = u\bar{\omega} = \frac{1}{2}u\rho A^2\omega^2 =$$

$$\frac{2\pi^2\rho\lambda A^2 f^3}{1\,000} \tag{4.12}$$

式中:ρ—— 试样密度(g/cm³);

A—— 波幅(cm);

λ—— 波长(cm);

f—— 夹头频率(Hz)。

飘逸波强度包含波速或波长、波幅、圆频率(或频率)和织物密度四个参数,可视为一个综合指标。这四个参数值越大,试样飘逸波强度就越大。一般来讲,厚重织物的密度较大,产生的波幅和波长也较大,因此飘逸波强度大。

4.1.1.14 飘逸性均匀度

(1)飘逸波形测试指标的平均差系数的计算式为:

$$V(\%) = \frac{\sum\limits_{i=1}^{N}|H_i - \bar{H}|}{N \times \bar{H}} \times 100 \tag{4.13}$$

式中:V——平均差系数;

H_i——飘逸波形测试参数;

$\bar{H}$——飘逸波形测试参数的平均值,计算式为:

$$\bar{H} = \frac{\sum\limits_{i=1}^{N}\bar{H}_i}{N} \tag{4.14}$$

式中:N——半波数。

(2)波幅和波长总均方差 σ

波幅和波长总均方差 σ 的计算式为:

$$\sigma = \sqrt{\sigma_\lambda \sigma_A} \tag{4.15}$$

式中：σ_A——波幅的均方差（cm）；

σ_λ——波长的均方差（cm）。

总均方差 σ 的大小，反映织物飘逸波形形状的不均匀性。该值越大，形状越不均匀。它与波幅衰减系数有关，衰减系数越大，总均方差也越大。

4.1.2 牵动飘逸综合指标

飘逸综合评价是根据飘逸波形测试的基本物理指标，即波形中的半波波幅3个、半波长3个、半波面积3个、半波形状系数3个、半波数、变形长度和波幅衰减系数等12个物理指标，通过主因子分析，将各指标参数合成互不相关的飘逸强度因子、飘逸形态因子和飘逸波幅衰减因子三个综合指标，其中：飘逸强度因子与半波长、波数和半波面积的关系密切，代表织物飘逸波的能量大小；飘逸形态因子与飘逸波的形状系数和波幅关系密切，代表织物飘逸波的丰满度；飘逸波幅衰减因子与波幅衰减系数关系密切，代表织物沿着飘逸传播方向的衰减程度。综合指标通过主因子分析得出，见本章5.3。

4.2 不同夹头频率的试样波形参数分析

利用自制飘逸测试装置，夹头的最大动程为8.8 cm。在夹头频率不同时，对真丝电力纺和全毛呢两种试样的纬向飘逸进行定位拍摄，试样长度×宽度为 80 cm×10 cm，并从波形图像中采集波形参数进行回归分析。

4.2.1 不同频率时真丝电力纺波长和波速变化分析

真丝电力纺（24号）的面密度为 36.9 g/m²，厚度为 0.08 mm。当夹头频率 f（Hz）不同时，实测代表图形如图 4-2 所示。

采集不同夹头频率 f（Hz）时的第一波波幅 A、半波长 λ 和波长 λ'（$\lambda_1 + \lambda_2$）的平均值（cm）、半波数 N，以及波速 u（cm/s），见表 4-1。

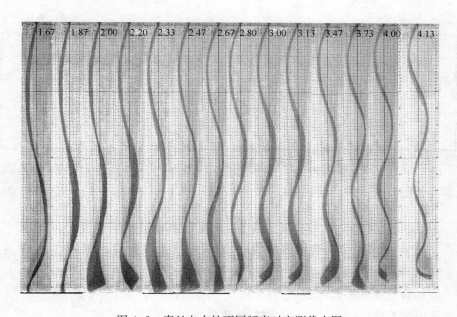

图 4-2 真丝电力纺不同频率时实测代表图

Fig. 4-2 the testing representative figures of different frequency for habotai

表 4-1 不同频率下的测试结果

Table 4-1 the testing results of different frequency

f/Hz	A/cm	λ/cm	λ'/cm	u/cm·s^{-1}	N/个
1.67	3.1	41	72	120.0	2
1.87	3.0	38	68	126.9	2
2.00	3.0	37	60	120.0	3
2.20	3.2	33	55	121.0	3
2.33	2.9	32	54	126.0	3
2.47	2.5	30	48	118.4	3
2.67	2.7	29	46	122.7	3
2.80	2.5	31	45	126.0	3
3.00	2.5	28	43	129.0	4
3.13	2.7	26	43	134.7	4

（续　表）

f/Hz	A/cm	λ/cm	λ'/cm	u/cm·s^{-1}	N/个
3.47	2.7	23	44	152.5	4
3.73	2.7	22	41	153.1	5
4.00	2.6	20	41	164.0	5
4.13	2.7	19	38	157.1	5

从表中可见，随着夹头频率的增大，波幅的变化不稳定，无明显规律；而半波长随着夹头频率变化的线性回归方程[4]为：

$$\lambda = a + bf = 53.18 - 8.5f \qquad (4.16)$$

其中，a（95%）的置信区间为（50.26，56.11），b（95%）的置信区间为（-0.1588，-0.1255）。

拟合优度的检验参数值为：

决定系数（R-square）＝0.9664，调整自由度后的决定系数（Adjusted R-square）为0.9636。

两个决定系数均非常接近于1，每个系数的置信区间均不包含 0，说明回归方程是非常有效的。试样波形的波长 λ 与夹头频率 f 的回归直线如图4-3所示。

可见，波长随着夹头频率增大而减小，从第 2 章的试样受力分析可知，夹头频率增大，试样质点的水平分力增大，而垂直分力减小，因此导致波长减小。

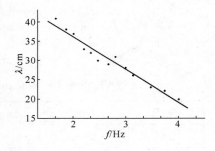

图4-3　夹头频率与波长的回归关系
Fig. 4-3　the regression relationship between chuck speed and wavelength

试样的波速不是常数，从表4-1可见，随着频率的增大，试样的波速增大。如果视波速随着夹头频率按线性规律变化，则回归方程为：

$$u = a + bf = 82.63 + 18.1f \qquad (4.17)$$

其中，a（95%）的置信区间为（67.01，98.25），b（95%）的置信区间为（0.2127，0.3909）。

拟合优度的检验参数值为：

决定系数（R-square）＝0.819 4，调整自由度后的决定系数（Adjusted R-square）为 0.804 3。两个决定系数均接近于 1，每个系数的置信区均不包含 0，说明回归方程是非常有效的。试样波形的波速 u 与夹头频率 f 的回归直线如图 4-4 所示。

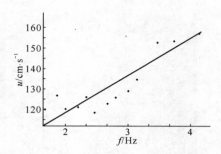

图 4-4　夹头频率与波速的回归关系
Fig. 4-4　the regression relationship between chuck speed and wave speed

可见，随着夹头频率的增大，试样的波速增大。由于波速与波长、频率有关，波长与频率的乘积并不是常量。这里的波速虽然是第一个波长与频率的乘积，波长是第一、二两个半波之和，从表 4-1 可见，第二个半波长均小于第一个半波长度，说明试样上不同质点的波长是变化的。

4.2.2　不同频率时真丝电力纺和全毛呢波形参数比较分析

4.2.2.1　实测波形

真丝电力纺（24 号）的面密度为 36.9 g/m²，厚度为 0.08 mm，夹头频率为 1.53 Hz、1.80 Hz、2.33 Hz、2.93 Hz、3.33 Hz 和 3.80 Hz，实测代表图形如图 4-5 所示。全毛呢（43 号）的面密度为 162.4 g/cm²，厚度为 0.32 mm，夹头频率为 1.53 Hz、1.83 Hz、2.33 Hz 和 3.17 Hz，实测代表图形如图 4-6 所示。

从图 4-5 可见，当频率增至 2.33 Hz（140 r/min）时，波形出现第二个完整循环，即 4 个半波。从图 4-6 可见，在低频率时仅形成一个完整波形，即 2 个半波，当频率达到 3.17 Hz（190 r/min）时，出现第三个半波。

从两个试样波动的实测图中可见，由于末端波的不稳定性，末端半波的波长出现不稳定现象，但是两个试样都出现第一个半波长随频率的增大逐渐减小，第一个完整波长（$\lambda_1 + \lambda_2$）总是随着频率的增大而逐渐减小，以及试样变形后的总长度越小的现象；而波幅与试样固有频率、波数等多个因素有关，其变化不确定。同一频率下，随着波动向下传播，半波长逐渐减小，即 $\lambda_1 > \lambda_2 > \lambda_3$。

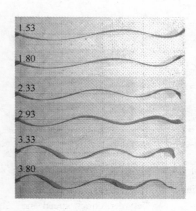

图 4-5   真丝电力纺实测代表图形
Fig. 4-5   the testing representative
figures of habotai

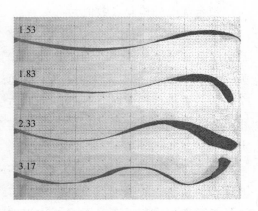

图 4-6   全毛呢实测代表图形
Fig. 4-6   the testing representative
figures of wollen fabric

4.2.2.2   波形参数分析

根据两个试样的实测波形图,测得前三个半波的波幅、半波长和试样半波数 N,并计算出波幅衰减系数 ψ、半波面积 $S_1(A_1 \times \lambda_1)$、形状系数 $\Omega_1(A_1/\lambda_1)$、波速 u,以及飘逸半波强度,见表 4-2 和表 4-3。表中,波速 $u = (\lambda_1 + \lambda_2)f$;波幅衰减系数 ψ 为第二个半波相对于波源波幅 4.4 cm 的衰减;飘逸半波强度 $\bar{I}$ 为第一个半波的强度,见式(4.6)。

表 4-2   真丝电力纺不同频率的波形参数
Table 4-2   the parameters of habotai with different frequency

f/Hz	1.5	1.8	2.3	2.9
A_1 /cm	3.3	3.0	3.3	3.5
λ_1 /cm	38.0	32.0	25.0	23.5
A_2 /cm	2.2	2.2	2.3	2.2
λ_2 /cm	25	25	24	20
A_3 /cm	2.0	1.8	1.7	2.0
λ_3 /cm	14	15	14	14

（续　表）

f/Hz	1.5	1.8	2.3	2.9
N/个	3	3	4	4
$A_1 \times \lambda_1$ /cm²	125.4	96.0	82.5	82.3
Ω_1	0.086 8	0.093 8	0.132 0	0.148 9
u/cm·s⁻¹	96.6	102.6	114.3	127.6
ψ	0.006 021	0.006 544	0.007 414	0.009 122
$\bar{I}$ /(J·s⁻¹·m⁻²)	13.569	15.277	31.871	66.087

表 4-3　全毛呢不同频率的波形参数

Table 4-3　the parameters of wollen fabric with different frequency

f/Hz	1.5	1.8	2.3	3.1
A_1 /cm	4.2	4.0	3.8	3.5
λ_1 /cm	52	49	38	30
A_2 /cm	3.5	3.4	3.8	3.3
λ_2 /cm	28	22	23	24
N/个	2	2	2	3
$A_1 \times \lambda_1$ /cm²	218.4	196.0	144.4	105.0
Ω_1	0.080 8	0.081 6	0.100 0	0.116 7
u/cm·s⁻¹	122.7	130.2	142.3	171.0
ψ	0.000 748	0.001 643	0.003 183	0.007 099
$\bar{I}$ /(J·s⁻¹·m⁻²)	13.921	17.643	47.501	93.438

从以上两表可见,对于同一试样,当频率变化时,波幅的变化规律不明显,但是波幅衰减系数随着频率增大而增大,因此低频率波形可传播得更远。在 1.53 Hz 和 2.33 Hz 频率下,真丝电力纺的波幅衰减系数大于全毛呢。

两个试样的半波面积均随着频率的增大而减小,在同一频率下,全毛呢的半波面积大于真丝电力纺。

两个试样的飘逸半波强度 $\overline{I}$ 均随着频率的增大而增大，在 1.53 Hz 和 2.33 Hz 频率下，全毛呢的飘逸波半强度大于真丝电力纺。由于全毛呢的飘逸半波强度大，同等长度的试样所产生的波数减小。从两者的实测图 5-5 和图 5-6 可见，在频率为 2.33 Hz 时，真丝电力纺出现 4 个半波的波形，而全毛呢只形成 2 个半波波形，因此真丝电力纺更容易产生飘逸波动。

从两个试样的形状系数 A_1/λ_1 可见，随着频率的增大，两个试样的形状系数均增大，曲线弯曲程度增大，形态趋于丰满。在 1.53 Hz 和 2.33 Hz 频率下，真丝电力纺的形状系数大于全毛呢，说明真丝电力纺更容易形成飘逸丰满的形态。

从表 4-2 和表 4-3 可见，两个试样的波速与夹头频率的关系如图 4-7 所示，图中"□"为真丝电力纺，"●"为全毛呢。

从图 4-7 可见，随着夹头频率增大，两个试样的第一个完整波的波速基本上呈线性增大趋势，与图 4-4 一致，全毛呢的波速大于真丝电力纺，这主要是由全毛呢的面密度较大造成的。

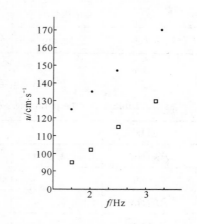

图 4-7　频率与波速的关系
Fig. 4-7　the relationship between frequency and speed

4.3　不同试样尺寸的波形分析

4.3.1　不同试样长度的波形参数分析

试样长度不同，产生的波形形态也不同。在不同的试样长度情况下，测得试样的波形波幅和波长值，并分析影响规律。

4.3.1.1　真丝电力纺长度与波幅、波长回归分析

夹头频率为 2.27 Hz,真丝电力纺(24 号)宽度为 5 cm,实测不同长度的纬向飘逸代表图形如图 4-8 所示。

不同试样长度 L_0 时,第一波幅 A、半波长 λ_1 平均值和半波数 N 见表 4-4。

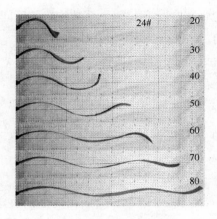

图 4-8　不同试样长度实测图

Fig. 4-8　the testing figures of different length

表 4-4　不同试样长度的测试结果

Table 4-4　the testing results of different length

L_0/cm	A/cm	λ_1/cm	N/个
20	4.8	13.0	1
30	4.3	17.5	2
40	3.9	18.0	2
50	3.5	19.5	2
60	3.3	23.5	3
70	3.3	23.8	3
80	3.0	27.0	4

由表 4-4,得波幅 A 与试样长度 L_0 的直线回归方程为:

$$A = a + bL_0 = 5.157 - 0.028\,6L_0 \tag{4.18}$$

其中，a（95%）的置信区间为（4.677，5.637），b（95%）的置信区间为（−0.037 49，−0.019 65）。

拟合优度的检验参数值为：

决定系数（R-square）=0.931 3，调整自由度后的决定系数（Adjusted R-square）为 0.917 6。

两个决定系数均非常接近于1，每个系数的置信区间均不包含0，说明回归方程是非常有效的。

由表4-4可见，试样长度不同，波长也不同。波长 λ 与试样长度 L_0 的直线回归方程为：

$$\lambda = a + bL_0 = 9.596 + 0.214\ 6L_0 \tag{4.19}$$

其中，a（95%）的置信区间为（6.869，12.32），b（95%）的置信区间为（0.164，0.265 3）。

拟合优度的检验参数值为：

决定系数（R-square）=0.959 6，调整自由度后的决定系数（Adjusted R-square），为 0.951 5。

两个决定系数均非常接近于1，每个系数的置信区间均不包含0，每个系数的置信区间均不包含0，说明回归方程是非常有效的。

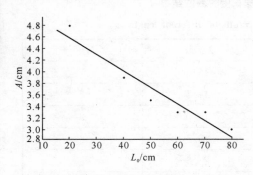

图4-9　试样长度与波幅的回归关系
Fig. 4-9　the regression relationship between length and amplitude

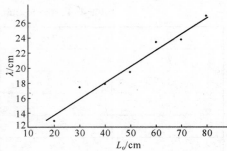

图4-10　试样长度与波长的回归关系
Fig. 4-10　the regression relationship between length and wavelength

由图4-9和图4-10可见，试样长度越长，第一波的波幅越小，而波长越长。根据试样受力分析，试样长度增加，第一波内微元体上端的垂直拉力增大,而水平拉力减小,因此导致波长增大,而波幅减小。

4.3.1.2　两种宽度、不同长度试样的波形分析比较

真丝电力纺的宽度分别为 10 cm 和 15 cm,夹头频率为 2.27 Hz,长度为 80～20 cm,实测纬向飘逸的代表图形如图 4-11 所示。

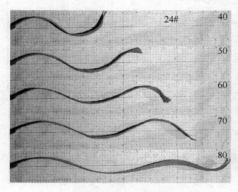
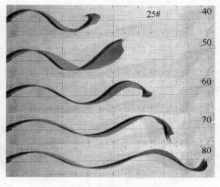

（a）宽度为 10 cm 的试样的图形　　　　　（b）宽度为 15 cm 的试样的图形

（a）the figure of 10 cm width　　　　　（b）the figure of 15 cm width

图 4-11　两种宽度、不同长度试样实测代表图形

Fig. 4-11　the testing representative figures of different length for two width

根据两种宽度的试样的实测波形图,测得波幅 A,第一、二波的整波长 λ 和变形长度 L(表 4-5)。

表 4-5　两种宽度的不同长度试样波形的波幅和波长值

Table 4-5　the amplitude and wavelength of different length for two width

宽度/cm	长度 L_0/cm	波长/cm		波幅/cm				变形长度/cm
		1 波	2 波	1 幅	2 幅	3 幅	4 幅	
10	80	46.0	30	3.7	3.5	2.7	2	78.0
	70	44.5	0	3.5	3.7	3.3	0	65.0
	60	39.4	0	3.5	2.6	3.8	0	57.2
	50	36.4	0	3.6	2.8	0	0	45.6
	40	33.3	0	3.6	3.3	0	0	33.5

宽度/cm	长度 L_0/cm	波长/cm		波幅/cm				变形长度/cm
		1 波	2 波	1 幅	2 幅	3 幅	4 幅	
15	80	45.0	21	4.5	3.5	4.4	2.8	76.0
	70	43.5	0	4.0	3.6	6.3	0	62.3
	60	37.5	0	4.4	4.2	3.2	0	52.0
	50	42.1	0	4.0	3.8	0	0	43.8
	40	34.4	0	4.0	3.8	0	0	34.9

从表中可见，在两种宽度的试样中，第一波的波长均随着试样长度的增加而增大；但是在试样长度大于 60 cm 时，第一波的波幅总是大于第二波的波幅。因此，在 2.27 Hz 频率下，该试样长度应选择在 60 cm 以上，才能形成一个完整的波形。

4.3.1.3　不同长度试样的波形参数分析

真丝电力纺（24 号）的面密度为 36.9 g/cm²，厚度为 0.08 mm，夹头频率为 2.27 Hz。根据宽度为 10 cm 的试样实测纬向飘逸波形图，测得第一和第二半波的波幅 A_1、A_2 和波长 λ_1、λ_2，单位均为"cm"；计算出波速 u(cm/s)、衰减系数 ψ、半波面积 $S_1 = A_1 \times \lambda_1$ (cm²)、形状系数 Ω_1(A_1/λ_1)，以及飘逸半波强度 $\bar{I}$，见表4-6。表中：N 为半波数；波速 $u = (\lambda_1 + \lambda_2)f$；波幅衰减系数为第一个半波相对于波源波幅 4.4 cm 的衰减；波幅衰减系数 ψ 由 $\ln \dfrac{A_0}{A_1} = \psi\lambda$ 计算得出。

表 4-6　不同长度（宽 10 cm）的波形参数

Table 4-6　the wave parameter of different length with width of 10 cm

L_0/cm	A_1/cm	λ_1/cm	A_2/cm	λ_2/cm	N/个	S_1/cm²	u/cm·s⁻¹	ψ	$\bar{I}$/J·s⁻¹·m⁻²	Ω_1
40	3.7	17	3.5	14	2	64.6	38.53	0.010 750	25.755	0.217 6
50	3.5	19	3.7	17	2	66.5	43.06	0.012 423	25.757	0.184 2
60	3.5	21	2.6	17	3	77.7	47.60	0.011 043	28.469	0.176 1
70	3.6	23	2.8	19	3	82.8	52.13	0.008 715	32.987	0.156 5
80	3.6	24	3.3	25	4	86.4	54.40	0.007 923	34.421	0.150 0

从表中可见,在夹头频率一定时,随着试样长度的增加,第一半波的面积、波速、半波强度均增大。这主要是由半波长增大引起的。另外,随着试样长度的增加,第一半波形状系数逐渐减小,说明波形的丰满程度减小,或形态趋于纤细。

4.3.1.4　三种试样不同长度的比较

夹头频率为 2.8 Hz,试样宽度为 12.4 cm,长度分别为 60 cm、50 cm、40 cm;细棉布的经密 36 根/cm,纬密 23 根/cm,经纱直径 127.7 μm,纬纱直径 106 μm。测得第一个波长内的波幅和波长平均值(表 4-7),试样长度 L 与波长 λ 的关系见图 4-12。

表 4-7　三种试样不同长度的波幅和波长

Table 4-7　the amplitude and wavelength of three types of samples with different length

试样	细棉布经向			细棉布纬向			真丝电力纺纬向		
L/cm	40	50	60	40	50	60	40	50	60
λ_1/cm	30	35	42	28	34	40	24	26	28
A_1/cm	4.5	4.5	4.5	4.5	4.5	4.5	4.0	4.0	4.0

图中"●"为棉布经向的波长变化,"▲"为棉布纬向的波长变化,"★"为电力纺纬向的波长变化。可见,同一试样,不同长度试样的第一个波幅一致,而波长随着试样长度的增大而增大。经纬方向不同,波长也不尽相同,可见沿经向飘逸的波长大于纬向的波长,原因是经密大于纬密,以及经纱直径大于纬纱直径。

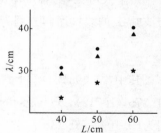

图 4-12　试样长度与波长的关系
Fig. 4-12　the relationship between sample length and wavelength

4.3.2　不同试样宽度的波形参数分析

试样的宽度不同,波形的形态也不同,本节对不同宽度试样的纬向波形形态进行分析。

4.3.2.1　真丝电力纺宽度与波幅回归分析

夹头频率为 3 Hz,真丝电力纺(24 号)长度为 70 cm,在不同宽度 B(cm)

时,测得第一波的波幅 A、半波长 λ 的平均值,见表4-8。

表4-8　不同宽度的测试结果

Table 4-8　the measured results of different width

B/cm	A/cm	λ/cm
2	1.8	23.0
5	2.1	20.0
6	2.3	20.0
7	2.5	19.0
10	2.8	19.0
11	2.7	18.8
12	2.9	20.5
13	3.2	19.0
14	3.3	19.5
15	3.4	19.0

由上表可见,随着试样宽度的增大,波长变化不大,并且无规律。宽度 B 与波幅 A 的线性回归方程为:

$$A = a + bB = 1.547 + 0.121\,3B \tag{4.20}$$

其中, a (95%)的置信区间为 (1.375,1.719), b (95%)的置信区间为(0.104 7,0.138)。

拟合优度的检验参数值为:

决定系数(R-square)= 0.972 5,调整自由度后的决定系数(Adjusted R-square)为 0.969 1。

两个决定系数均非常接近于1,每个系数的置信区间均不包含 0,说明回归方程是非常有效的。试样宽度与波幅的关系如图4-13所示。

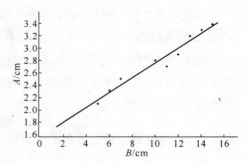

图 4-13　试样宽度与波幅的回归直线
Fig. 4-13　the regression line between width and amplitude

可见,随着试样宽度增大,波幅线性增大。其原因是,宽度增大,搅动的空气流量增大,空气阻力增大,试样滞后性增大,试样质元水平方向的运动阻力增大,因此波幅增大;又因微元体质量和抗弯刚度增大,因此波长变化不明显。

4.3.2.2　两种长度、不同宽度试样的波形分析

夹头频率为 2.3 Hz,真丝电力纺的面密度为 36.9 g/cm²,厚度为 0.08 mm,长度为 80 cm 和 60 cm,宽度分别为 5 cm、10 cm、15 cm,实测纬向飘逸代表图形如图 4-14 所示。

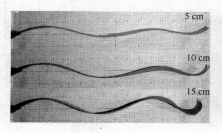
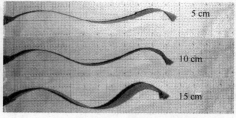

(a) 长度为 80 cm　　　　　　　　　　(b) 长度为 60 cm

(a) length of 80 cm　　　　　　　　　(b) length of 60 cm

图 4-14　不同宽度的飘动实测代表图形

Fig. 4-14　the representative measured elegant illustration of different width

从图中可见,无论试样长度是 80 cm 还是 60 cm,随着宽度的增大,波幅增大较为明显,而波长变化不明显。

两种长度、不同宽度试样的波形参数见表 4-9。

表 4-9　不同宽度试样的波形参数

Table 4-9　the wave parameters of different width

L_0 /cm	80			60		
B/cm	5	10	15	5	10	15
A_1 /cm	3.2	4.0	4.4	3.5	3.9	4.3
λ_1 /cm	28	24	26	25	23	22
A_3 /cm	1.2	2.7	4.3	3.0	3.7	4.0

织物飘逸美感及其评价

（续　表）

L_0 /cm	80			60		
λ_3 /cm	19	25	20	16	21	19
N /个	4	4	4	3	3	3
S_1 /cm^2	89.6	96.0	114.4	87.5	89.7	94.6
ψ	0.010 076	0.003 721	0.000 175	0.003 138	0.001 568	0.000 881
$\bar{I}$ /(J·s^{-1}·m^{-2})	31.730	42.495	55.704	33.891	38.714	45.016
Ω_1	0.114 3	0.166 7	0.169 2	0.140 0	0.169 6	0.195 5

从表中可见，两种长度的试样，随着试样宽度的变化，飘逸波形参数的变化趋势相同：随着试样宽度的增大，波幅增大，波幅衰减系数逐渐减小，第一半波面积、半波强度和形状系数增大。

4.4　不同品种织物的波形参数分析

在试样尺寸和频率相同的情况下，测得不同试样的纬向飘逸波幅和波长，分析波幅和波长、面密度与波长，以及波幅衰减系数与面密度的关系。

试样的长度为 80 cm，宽度为 10 cm；夹头频率为 3.9 Hz，夹头的最大动程为 8.8 cm，即振幅 $A = A_0 = 4.4$ cm。当试样面密度 ρ 不同时，测得各试样波形的第一波长 λ、波幅 A 和波幅衰减系数 ψ（表 4-10）。

表 4-10　几种试样的波形测试结果

Table 4-10　the measured results of wave shape of different samples

试样	ρ /g·m^{-2}	A /cm	λ /cm	ψ
棉细布	48.7	1.5	32	0.030 7
真丝双绉	90.9	2.5	38	0.012 4
涤丝乔其	163.2	3.5	46	0.002 9

（续　表）

试样	$\rho/\text{g}\cdot\text{m}^{-2}$	A/cm	λ/cm	ψ
真丝花纱	24.2	0.5	27	0.077 0
真丝电力纺	36.9	1.5	30	0.032 7
织锦缎	138.2	3.5	43	0.003 1
涤丝纱	107.2	2.5	40	0.011 8
真丝弹力绉	48.7	1.5	32	0.030 7
真丝乔其	42.8	1.5	32	0.030 7

利用回归分析，分别得出波长 λ 与波幅 A、波长 λ 与面密度 ρ，以及波幅衰减系数 ψ 与面密度 ρ 的回归方程。

4.4.1　飘逸波的波长与波幅的关系

由表 4-10，得不同试样的波长 λ 与波幅 A 的线性回归方程为：

$$\lambda = a + bA = 22.75 + 6.23A \tag{4.21}$$

其中，a（95%）的置信区间为 (20.19, 25.31)，b（95%）的置信区间为 (5.101, 7.359)。

拟合优度的检验参数值为：

决定系数（R-square）＝0.960 5，调整自由度后的决定系数（Adjusted R-square）为 0.954 9；

两个决定系数均非常接近于 1，每个系数的置信区间均不包含 0，说明回归方程是非常有效的。波长 λ 与波幅 A 的回归直线如图 4-15 所示。

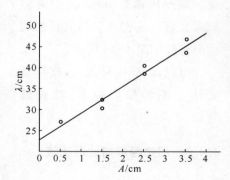

图 4-15　波幅与波长的关系
Fig. 4-15　the relationship between amplitude and wavelength

可见，不同原料和组织结构的试样，其波形的波幅和波长也不相同；当试样尺寸相同时，波长与波幅之间存在线性关系,试样的波幅越大,则波长越长。从表中可见,织物面密度越大,织物飘逸时的弯曲变形就越大,如涤丝乔其和织锦缎。

4.4.2　试样波长与质量的关系

由表 4-10 中的数据可见,波长与试样质量为线性关系,回归方程为:

$$\lambda = a + bx = 25.74 + 0.129\rho \tag{4.22}$$

其中,a(95%)的置信区间为(24.106,27.365),b(95%)的置信区间为(0.111,0.147)。

拟合优度的检验参数值为:

决定系数（R-square）= 0.971,调整自由度后的决定系数（Adjusted R-square）为 0.967。

两个决定系数均非常接近于 1,每个系数的置信区间均不包含 0,说明回归方程是非常有效的。说明残差成正态分布,回归方程效果良好。面密度 ρ 与波长 λ 的回归直线如图 4-16 所示。

可见,试样质量越大,试样微元体上端的拉力越大,波长就越长。

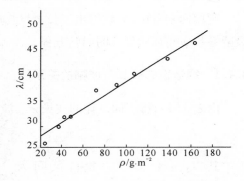

图 4-16　面密度与波长的关系

Fig. 4-16　the relationship between wave length and mass/square meter

4.4.3　织物经纬向波形比较

夹头频率为 2.27 Hz。涤丝彩旗绸,经密 23.5 根/cm,纬密 33 根/cm,经纱直径 203 μm,纬纱直径 51 μm,纬向和经向试样均为长 60 cm、宽 12.4 cm;涤丝绸,经密 48 根/cm,纬密 29.5 根/cm,经纱直径 190 μm,纬纱直径 249.7 μm,纬向和经向试样均为长 60 cm、宽 12 cm。两种试样的实测波形代表图形如图 4-17 所示。

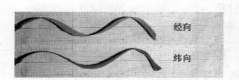
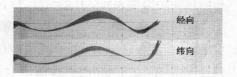

（a）彩旗绸经向和纬向实测图　　　　　　　　（b）涤丝绸经向和纬向实测图

（a）the measured wave shape of warp　　　（b）the measured wave shape of warp
　　and weft direction of flag silk　　　　　　　and weft direction of polyester silk

图 4-17　经向和纬向实测波形图

Fig. 4-17　the measured wave shape of warp and weft direction

无论是彩旗绸还是涤丝绸，经向的波形比纬向的波形略丰满，经向和纬向的波长几乎一致。彩旗绸试样的波形流畅程度比涤丝绸较强。

根据实测波形图，测得波长 λ_1，三个波的波幅 A_1、A_2、A_3 及其面积 $A_1 \times \lambda_1$、形状系数 $\Omega_1 = A_1/\lambda_1$ 和变形长度 L（表 4-11）。

表 4-11　两个试样的经纬向波形参数

Table 4-11　the wave parameters of warp and weft of two samples

品种	方向	宽度/cm	λ_1 /cm	波　幅			$A_1 \times \lambda_1$ /cm²	Ω_1	L /cm
				A_1 /cm	A_2 /cm	A_3 /cm			
彩旗绸	经向	12.4	36	4.5	3.0	3.5	87.75	0.230 8	52.9
	纬向	12.4	36	4.3	3.0	4.3	86.00	0.215 0	55.4
涤丝绸	经向	12.0	35	3.5	4.5	3.5	68.25	0.179 5	53.8
	纬向	12.0	35	3.2	4.0	2.6	62.40	0.164 1	54.8

比较以上两个品种可见，同宽度下，试样经向的第一半波的面积和形状系数均大于纬向，并且经向变形长度 L 小于纬向，说明这两种试样沿纬向容易飘逸，主要原因是经密大于纬密。

4.5　飘逸波形衰减分析

试样飘逸时，由于能量损耗，形成试样波动衰减形态。本节对波幅和波长随传播距离增大而变化的情况进行分析。

真丝印花纱，经密 50 根/cm，纬密 42 根/cm，面密度 24.4 g/m²，试样长度 80 cm，宽度 10 cm；夹头频率 3 Hz。在不同时刻拍摄波形图片，根据波形传播方向，依次测试纬向飘逸波形中两个波的屈曲波高 2A、两个波高间距 λ/2 和半波位置 x，如图 4-18 所示。

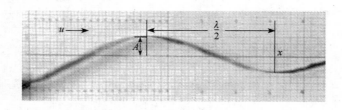

图 4-18　波形衰减图

Fig. 4-18　the illustration of wave attenuation

当试样飘逸稳定后，共拍摄 20 个不同时刻的飘逸图片，从每个波形图中测得 4 组数据，即 4 个半波（表 4-12）。表中，A 为屈曲波高值的一半，λ 为波峰波谷间距的两倍，x 为半波位置，单位均为"cm"。

表 4-12　真丝印花纱的波形参数

Table 4-12　the wave parameters of printing silk yarn

序号	x/cm	A/cm	λ/cm	序号	x/cm	A/cm	λ/cm
1	38	1.8	43	41	65	0.8	26
2	35	1.6	41	42	64	0.8	28
3	31	2.0	40	43	63	0.8	32
4	28	2.5	40	44	60	1.0	32
5	25	2.8	42	45	58	1.0	32
6	22	3.0	42	46	56	1.3	34
7	20	3.3	40	47	54	1.2	34
8	35	1.5	36	48	64	0.8	22
9	26	2.3	40	49	58	0.9	26
10	24	2.8	40	50	58	0.9	32

（续　表）

序号	x/cm	A/cm	λ/cm	序号	x/cm	A/cm	λ/cm
11	21	3.3	39	51	55	1.0	32
12	38	1.9	38	52	66	1.0	24
13	36	1.8	40	53	65	0.9	26
14	32	1.9	40	54	64	1.0	30
15	28	2.3	40	55	62	1.0	32
16	25	2.8	42	56	60	1.0	36
17	22	3.3	42	57	57	1.0	34
18	38	1.5	36	58	65	0.6	20
19	35	1.4	34	59	64	0.5	24
20	31	1.5	38	60	62	0.5	26
21	52	0.8	28	61	75	0.3	20
22	50	0.8	30	62	74	0.3	20
23	47	0.9	32	63	73	0.3	20
24	44	1.3	33	64	72	0.3	24
25	42	1.4	34	65	70	0.3	24
26	39	1.6	34	66	68	0.3	24
27	37	1.8	34	67	65	0.3	22
28	53	1.1	36	68	73	0.5	18
29	45	1.6	38	69	71	1.0	26
30	42	1.6	36	70	71	1.0	26
31	39	1.9	36	71	68	0.9	26
32	54	1.0	32	72	75	0.5	18
33	52	0.9	32	73	73	0.3	16
34	49	0.9	34	74	74	0.3	20

（续　表）

序号	x/cm	A/cm	λ/cm	序号	x/cm	A/cm	λ/cm
35	46	1.0	36	75	72	0.3	20
36	42	1.3	34	76	70	0.3	20
37	40	1.5	36	77	68	0.4	22
38	55	1.0	34	78	74	0.6	18
39	52	1.0	34	79	73	0.5	18
40	49	1.3	36	80	72	0.6	20

4.5.1　波幅衰减分析

由表4-12可见,波幅A与波形传播距离x大致呈指数规律关系。A与x的回归方程为：

$$A = ae^{bx} = 6.416\,8e^{-0.035\,76x} \tag{4.23}$$

其中,a（95%）的置信区间为（5.772,7.06）,b（95%）的置信区间为（$-0.038\,5$,$-0.033\,03$）。

拟合优度的检验参数值为：

决定系数（R-square）＝0.914 2,调整自由度后的决定系数（Adjusted R-square）为0.913 1。

两个决定系数均非常接近于1,每个系数的置信区间均不包含0,说明回归方程是有效的。已知数据点和回归曲线如图4-19所示。可见,织物飘逸波的波幅随着传播距离的延长呈指数规律减小。这种衰减现象说明织物飘逸波在传播过程中存在能量消耗现象。这正是飘逸美感的原因所在。

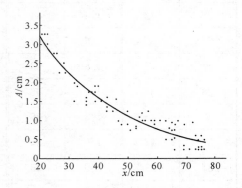

图4-19　波幅与传播距离的关系

Fig. 4-19　the relationship between amplitude and transmission shift

4.5.2　波长衰减分析

由表 4-12 可见,波长 λ 与波形传播距离 x 大致呈幂函数关系。λ 与 x 的回归方程为:

$$\lambda = \sqrt{\frac{a-x}{b}} = \sqrt{\frac{86.56-x}{0.033\,97}} \qquad (4.24)$$

其中,a(95%)的置信区间为 (83.06,90.05),b(95%)的置信区间为(0.030 81,0.037 12)。

拟合优度的检验参数值为:

决定系数(R-square)=0.855,调整自由度后的决定系数(Adjusted R-square)为 0.853 1。

两个决定系数均接近于 1,每个系数的置信区间均不包含 0,说明回归方程是有效的。已知数据点和回

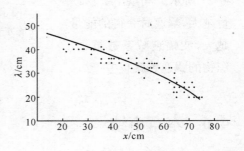

图 4-20　波长与传播距离的关系
Fig. 4-20　the relationship between wave length and transmission shift

归曲线如图 4-20 所示。可见,织物飘逸波随着传播距离的延长,波长 λ 呈幂函数规律减小。

4.5.3　试样波幅衰减系数与面密度的关系

根据表 4-10,波幅衰减系数 ψ 与面密度 ρ 大致呈指数规律关系。对两者进行非线性回归,得不同织物的波幅衰减系数 ψ 与面密度 ρ 的回归方程为:

$$\psi = a\mathrm{e}^{bx} = 0.08\mathrm{e}^{-0.021\rho} \qquad (4.25)$$

其中,a(95%)的置信区间为(0.071 7,0.085 37),b(95%)的置信区间为(−0.025 59,−0.018 22)。

拟合优度的检验参数值为:

决定系数(R-square)=0.963,调整自由度后的决定系数(Adjusted R-square)为 0.957。

两个决定系数均非常接近于 1，每个系数的置信区间均不包含 0，说明回归方程是有效的。已知数据点和回归曲线如图 4-21 所示。可见，织物质量越大，飘逸时获得的能量越大，波幅衰减系数越小，织物的飘逸感就越差。

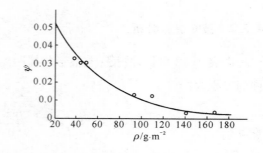

图 4-21　波幅衰减系数与面密度的关系

Fig. 4-21　the relationship between amplitude attenuation coefficient and mass/ square meter

4.6　本章小结

（1）织物飘逸性的客观评价指标可分为基本指标和综合指标两类。基本指标是指单一飘逸行为下测试的物理指标；综合指标分为飘逸强度、飘逸形态和飘逸波幅衰减三个方面，主要评价飘逸波形大小、比例和流畅、波幅衰减性三个方面。综合指标是通过对飘逸波形测试的基本物理数据进行主因子分析而得出的指标。

（2）分析实测不同夹头频率对真丝电力纺飘逸波形的影响。飘逸波长随着夹头频率增大呈线性减小，线性回归方程为式（4.16），即：

$$\lambda = 53.18 - 8.5f$$

波速随着夹头频率的增大呈线性增大，回归方程为式（4.17），即：

$$u = 82.63 + 18.1f$$

波幅随频率的变化规律不明显，但是波幅衰减系数随着频率增大而增大。另外，比较真丝电力纺和全毛呢两个试样，两个试样的半波面积均随着频率的增大而减小，而飘逸半波强度 $\bar{I}$ 均随着频率的增大而增大。在同频率下，全毛呢的半波面积和飘逸半波强度大于真丝电力纺，说明真丝电力纺更容易产生飘逸波动。

（3）分析实测不同试样长度对飘逸波形的影响。在夹头频率为2.27 Hz时，实测宽度为 5 cm 的真丝电力纺的飘逸波形，得波幅 A 与试样长度 L_0 的回归方程为式（4.18），即：

$$A = 5.157 - 0.028\,6L_0$$

波长 λ 与试样长度 L_0 的回归方程为式（4.19），即：

$$\lambda = 9.596 + 0.214\,6L_0$$

对宽度为 10 cm 和 15 cm 的同一试样进行测试，也有相同的规律，并且得出试样长度应选择在 60 cm 以上，才能形成一个完整的波形。在夹头频率一定时，随着试样长度的增加，波形的半波面积、波速、半波强度均增大，而形状系数逐渐减小，说明波形形态趋于纤细。

（4）分析实测不同试样宽度对飘逸波形的影响。在夹头频率 3 Hz 时，随着试样宽度的增大，波长的变化不大，并且无规律；宽度 B 与波幅 A 的线性回归方程为式（4.20），即：

$$A = 1.547 + 0.121\,3B$$

波长 λ 与波幅 A 的线性回归方程为式（4.21），即：

$$\lambda = 22.75 + 6.23A$$

另外，第一半波面积、半波强度和形状系数均随宽度的增大而增大。

（5）实测 9 个品种织物的飘逸波形并比较。试样的波幅越大，波长呈线性增长；试样的面密度 ρ 越大，波长 λ 呈线性增长，回归方程为式（4.22），即：

$$\lambda = 25.74 + 0.129\rho$$

对于经密大于纬密的两种试样进行比较，经向的第一半波的面积和形状系数均大于纬向，说明沿纬向容易飘逸。

（6）实测波形随传播距离延长，波幅和波长均有衰减现象。波幅 A 随波形传播距离 x 呈指数规律减小，回归方程为式（4.23），即：

$$A = 6.416\,8\mathrm{e}^{-0.035\,76x}$$

波长 λ 随波形传播距离 x 呈幂函数规律减小，回归方程为式（4.24），即：

$$\lambda = \sqrt{\frac{86.56 - x}{0.033\,97}}$$

（7）当试样尺寸和夹头频率一定时，波幅衰减系数 ψ 与面密度 ρ 的回归方程为式（4.25），即：

$$\psi = 0.08\mathrm{e}^{-0.021\rho}$$

说明织物的面密度越大，飘逸时获得的能量越大，波幅衰减系数呈指数规律减小，织物越呆板，飘逸感越差。

参考文献

[1] 郑国恩. 影视摄影构图学[M]. 北京：北京广播学院出版社，2011：30.

[2] 同济大学. 高等数学（上册）[M]. 北京：高等教育出版社，1996：11.

[3] 苗莉，王文革. 服装心理学[M]. 北京：中国纺织出版社，1997：29.

[4] 何晓群. 实用回归分析 [M]. 北京：高等教育出版社，2008：39.

第 5 章　飘逸波形聚类分析及模拟

织物的波形聚类分析,就是将一批试样的飘逸波图形,按照它们在形态上的亲疏远近程度进行分类。本章选取 33 种试样进行聚类分析,并对每一类波形进行特征分析。

5.1　聚类分析概述

聚类分析是一种探索性分析,实质是建立一种分类方法[1]。首先通过两个途径来描述试样图形中参数之间的亲疏程度:一是将每个试样图形中的参数看成 m 维空间的一个点,在点与点之间定义某种距离;二是用某种相似系数来描述试样参数之间的关系,如相关系数。

聚类分析能够在没有先验知识的情况下,将一批波形数据,按照它们在性质上的亲密程度自动进行分类。这里所说的类,就是一个具有相似性试样波形的集合,不同类之间具有明显的区别。在分类的过程中,不必事先给出一个分类的标准。聚类分析能够从试样波形数据出发,自动进行分类。聚类分析所使用的方法不同,常会得到不同的结论;不同研究者对于同一组数据进行聚类分析,所得到的聚类数也未必一致。

5.1.1　聚类分析方法

常用的聚类分析的方法主要有两种:一种是"快速聚类分析方法"(K—Means Cluster Analysis);另一种是"层次聚类分析方法"(Hierarchical Cluster Analysis)。后者的相关理论已经发展得比较成熟,所以本节使用层次聚类分析方法。

层次聚类分析是根据观察值或变量之间的亲疏程度，将最相似的对象结合在一起，以逐次聚合的方式（Agglomerative Clustering），将试样波形分类，直到最后所有试样波形聚成一类。

层次聚类分析有两种形式：一种是对试样波形进行分类，称为 Q 型聚类，使具有共同特点的试样波形聚集在一起，以便对不同类的试样波形进行分析；另一种是对研究对象的观察变量进行分类，称为 R 型聚类。本节对织物的飘逸形态分类采用 Q 型聚类。

层次聚类分析中，测量试样波形之间的亲疏程度是关键。聚类时，会涉及到两种类型亲疏程度的计算：一种是试样波形数据之间的亲疏程度；另一种是试样波形数据与小类、小类与小类之间的亲疏程度。分别叙述如下：

5.1.2　波形数据之间的距离定义方法

常用的试样波形数据之间的距离定义方法如下：

（1）欧氏距离（Euclidean Distance）：两个试样参数之间的欧氏距离是各个变量值之差的平方和的平方根。

（2）平方欧氏距离（Squared Euclidean Distance）：两个试样参数之间的平方欧氏距离，即两个参数欧氏距离的平方。欧氏距离是最常用和稳健的方法，本节采用平方欧氏距离。

（3）Minkowski 距离：两个试样波形之间的 Minkowski 距离是各试样波形所有变量值之差的绝对值的 p 次方的总和，再求 p 次方根。Minkowski 距离是欧氏距离的推广。

（4）Chebychev 距离：两个试样波形之间的 Chebychev 距离是各波形所有变量值之差的绝对值中的最大值。

5.1.3　类别之间的距离定义方法

常用的波形数据与小类、小类与小类之间的距离定义方法如下：

（1）最短距离法（Nearest Neighbor）：以当前某个试样波形与已经形成小类中的各试样波形距离的最小值，作为当前试样波形与该小类之间的距离。

（2）最长距离法（Furthest Neighbor）：以当前某个试样波形与已经形成小类中的各试样波形距离的最大值，作为当前试样波形与该小类之间的距离。

（3）类间平均链锁法（Between-groups Linkage）：两个小类之间的距离为两个小类内所有试样波形间的平均距离。本节采用此种方法。

（4）类内平均链锁法（Within-groups Linkage）：与小类间平均链锁法类似。这里的平均距离是对所有试样波形对的距离求平均值，包括小类之间的试样波形对、小类内的试样波形对。

（5）重心法（Centroid Clustering）：将两个小类间的距离定义成为两个小类重心间的距离。每一小类的重心就是该类中所有试样波形在各个变量上的均值。

（6）离差平方和法（Ward's Method）：在聚类过程中，将小类内各个试样波形的欧氏距离总平方和增加最小的两小类合并成一类。

5.2　织物飘逸形态聚类分析

本节取 33 个样品进行测试，采用自制飘逸测试装置，在夹头频率和振幅一定的情况下，拍摄固定夹头位置的试样波形，并采集波形数据，使用聚类分析对不同织物飘逸波形的形态进行分类，将波形相似的织物归为一类。

5.2.1　试样飘逸代表波形

夹头速度为 182 r/min，试样长度为 80 cm，宽度为 10 cm，夹头的振幅为 4.4 cm。对以上试样波形进行实测，得到的纬向飘逸代表图形见图 5-1。

5.2.2　试样波形数据采集

每个试样拍摄 3 次，根据试样飘逸波形，采集数据，取平均值，得到第一、二、三 3 个半波的波幅 A_1、A_2、A_3 和相应半波的波长 λ_1、λ_2、λ_3，以及半波数 N、变形长度 L，见表 5-1。

织物飘逸美感及其评价

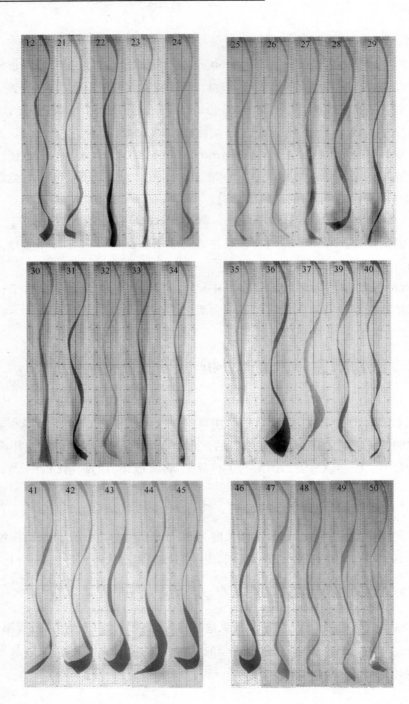

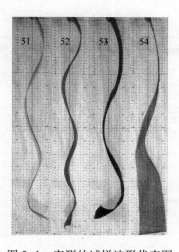

图 5-1 实测的试样波形代表图

Fig. 5-1 the representative shape of measured fabric wave

表 5-1 试样测试数据

Table 5-1 the test results of samples

编号	品名	A_1/cm	λ_1/cm	A_2/cm	λ_2/cm	A_3/cm	λ_3/cm	N/个	L/cm
12	涤丝彩旗绸	4.0	20	1.5	14	3.0	18	5	75
21	真丝双绉	4.0	27	2.5	21	3.5	18	4	74
22	真丝乔其纱	3.0	22	2.0	20	1.5	18	5	79
23	真丝印花纱	2.8	19	1.5	18	1.0	18	5	79
24	真丝电力纺	3.5	21	1.7	17	1.5	21	5	77
25	白棉布	4.0	28	1.5	18	1.8	18	5	77
26	涤丝绸	4.0	23	3.0	21	2.8	17	4	76
27	烂花绡	3.0	26	1.5	24	2.0	16	4	77
28	织锦缎	4.2	32	2.5	23	3.5	14	3	74
29	麻印花纱	4.0	30	1.5	24	2.5	14	3	79
30	真丝弹力绉	3.5	24	1.5	20	2.0	19	4	78
31	真丝印花绸	4.0	24	3.0	18	3.0	20	4	76
32	真丝缎	3.5	24	2.5	22	2.2	19	4	76

（续　表）

编号	品名	A_1/cm	λ_1/cm	A_2/cm	λ_2/cm	A_3/cm	λ_3/cm	N/个	L/cm
33	真丝乔其纱	3.2	22	1.5	18	1.5	21	4	80
34	轻真丝纱	3.5	23	1.5	19	2.0	21	4	77
35	生丝洋纺	3.0	20	1.5	21	1.0	18	5	79
36	麻布	4.2	33	2.0	22	4.0	20	3	75
37	涤纶涂层布	4.0	30	2.5	20	3.9	18	3	74
40	尼丝彩旗绸	3.8	19	2.0	20	2.0	16	5	77
41	贡丝绵	4.0	32	2.5	22	3.0	17	3	75
42	毛呢	4.4	32	3.0	24	4.0	18	3	75
43	全毛呢	4.2	34	2.0	19	4.0	21	3	75
44	涤丝呢	4.0	30	3.5	23	3.8	20	3	74
45	全毛凡立丁	4.4	32	1.8	17	4.0	25	3	73
46	涤丝绒	4.4	33	2.8	19	3.5	23	3	75
47	黄棉细布	4.0	25	1.5	17	2.5	18	4	75
48	白棉布	4.0	28	1.5	20	3.0	19	4	76
49	白棉布	3.5	29	2.5	20	2.5	19	4	77
50	羽纱	3.8	23	2.5	24	1.5	17	4	74
51	涤丝绸	4.0	24	2.5	20	3.0	18	4	74
52	蓝真丝电力纺	4.0	18	2.5	18	2.8	17	5	76
53	棉条绒	4.4	32	2.0	19	4.2	21	3	70
54	窗纱网	4.0	40	1.0	10	0	0	2	79

　　从上表可见,除了 54 号窗纱网外,所测试样中,第一波的波幅为 2.8～4.4 cm, 极差 1.6 cm;半波长为 18～34 cm,极差为 16 cm。第二波的波幅为 1.5～3.5 cm,极差为 2 cm;半波长为 14～24 cm,极差为 10 cm。第三波长范围为 1～4.2 cm,极差为 3.2 cm;半波长为 14～25 cm,极差为 11 cm。整个试样长度内的半波数为 3～5 个。可见,试样波形的波幅极差随着波形传播距离的延长而增大,其原因:一是第一波距离夹头较近,各试样的波幅差

异较小;二是各织物的波幅衰减系数不同;三是对于形成 3 个半波的波形,最后一个半波不稳定。

根据表 5-1 中的数据,计算出第一、二、三 3 个半波的面积和 3 个半波的总面积($S_1 = A_1 \times \lambda_1$,$S_2 = A_2 \times \lambda_2$,$S_3 = A_3 \times \lambda_3$,$S = S_1 + S_2 + S_3$),以及波速 u、波幅衰减系数 ψ、形状系数 Ω_1(A_1/λ_1),见表 5-2。

表 5-2　试样计算数据
Table 5-2　the calculated results of samples

编号	品名	S_1/cm^2	S_2/cm^2	S_3/cm^2	S/cm^2	$u/\mathrm{cm \cdot s^{-1}}$	ψ	Ω_1
12	涤丝彩旗绸	80.0	21.0	54.0	155.0	103.1	0.003 377	0.200 0
21	真丝双绉	108	52.5	63.0	223.5	145.6	0.014 905	0.148 1
22	涤丝乔其纱	66.0	40.0	27.0	133.0	127.4	0.007 922	0.136 4
23	真丝印花纱	51.8	26.3	18.0	96.1	109.2	0.014 905	0.151 4
24	真丝电力纺	73.5	28.9	31.5	133.9	115.3	0.009 199	0.166 7
25	白棉布	112.0	31.5	32.4	175.9	148.7	0.006 936	0.142 9
26	涤丝绸	92.0	63.0	47.6	202.6	133.5	0.003 602	0.173 9
27	烂花绡	78.0	36.0	32.0	146.0	151.7	0.003 522	0.115 4
28	织锦缎	134.4	57.5	63.0	254.9	166.9	0.001 523	0.131 3
29	麻印花纱	120.0	36.0	35.0	191.0	163.8	0.004 252	0.133 3
30	真丝弹力绉	84.0	30.0	38.0	152.0	133.5	0.005 524	0.145 8
31	真丝印花绸	96.0	54.0	60.0	210.0	127.4	0.002 975	0.166 7
32	真丝缎	84.0	55.0	41.8	180.8	139.6	0.004 384	0.145 8
33	真丝乔其纱	70.4	27.0	31.5	128.9	121.4	0.008 026	0.145 5
34	轻真丝纱	80.5	28.5	42.0	151	127.4	0.007 787	0.152 2
35	生丝洋纺	60.0	31.5	18.0	109.5	124.4	0.011 637	0.150 0
36	麻布	138.6	43.0	80.0	261.6	165.4	0.000 441	0.127 3
37	涤纶涂层布	120.0	50.0	70.2	240.2	151.7	0.000 216	0.133 3
40	尼丝彩旗绸	72.2	40.0	32.0	144.2	118.3	0.007 148	0.200 0
41	贡丝绵	128.0	55.0	51.0	234.0	163.8	0.002 603	0.125 0

（续　表）

编号	品名	S_1/cm^2	S_2/cm^2	S_3/cm^2	S/cm^2	$u/\text{cm}\cdot\text{s}^{-1}$	ψ	Ω_1
42	毛呢	140.8	72.0	72.0	284.8	169.9	0.000 828	0.137 5
43	全毛呢	142.8	38.0	84.0	264.8	160.8	0.000 432	0.123 5
44	涤丝呢	120.0	80.5	76.0	276.5	160.8	0.000 474	0.133 3
45	全毛凡立丁	140.8	30.6	100	271.4	148.7	0.000 900	0.137 5
46	涤丝绒	145.2	53.2	80.5	278.9	157.7	0.001 988	0.133 3
47	黄棉细布	100.0	25.5	45.0	170.5	127.4	0.005 517	0.160 0
48	白棉布	112.0	30.0	57.0	199.0	145.6	0.002 716	0.142 9
49	白棉布	101.5	50.0	47.5	199.0	148.6	0.003 177	0.120 7
50	羽纱	87.4	60.0	25.5	172.9	142.6	0.009 388	0.165 2
51	涤丝绸	96.0	50.0	54.0	200.0	133.5	0.002 975	0.166 7
52	蓝电力纺	72.0	45.0	47.6	164.6	109.2	0.004 303	0.222 2
53	棉条绒	140.8	38.0	88.2	267.0	154.7	0.000 404	0.137 5
54	窗纱网	160.0	10.0	0	0	151.5	∞	0.100 0

注：波速 $u = f \times (\lambda_1 + \lambda_2) = 3.03(\lambda_1 + \lambda_2)$，单位为"cm/s"；波幅衰减系数 $\psi = \dfrac{1}{\lambda_{1,3}} \ln \dfrac{A_1}{A_3}$，其中 $\lambda_{1,3}$ 为第一波和第三波间的波长。

5.2.3　选定聚类分析指标

　　首先，使用量化的指标将不同织物的飘逸波形的形态表示出来。通过实验，测得不同织物飘逸波形的3个半波的波幅（A_1、A_2、A_3）、3个半波的波长（λ_1、λ_2、λ_3）和整个波形的半波数 N，以及根据这些数据计算出的3个半波的面积（S_1、S_2、S_3）、总面积 S、第一半波和第三半波的距离 $\lambda_{1,3}$、形状系数 Ω_1 和波幅衰减系数 ψ 共14个指标，即每个波形用14个指标表示。

　　其次，选择用于聚类的指标。因为聚类分析要求使用的指标之间尽可能不出现线性关系，否则会严重影响聚类的精度，所以要对上述14个指标进行选择。对33种试样实际测量14个指标，然后根据任意两个指标的数据绘图，通过对91个图形的直观分析，结合数据的实际意义，去掉线性关系比较明显的指标,最终确定使用第一个半波的波长 A_1、波幅 λ_1、半波面积 S_1 和形状系数 Ω_1、波幅衰减系数 ψ、整个波形的半波数 N 共 6 个指标进行聚类分析。

5.2.4　试样飘逸波形分类

根据表 5-1 和表 5-2 中的数据,作出织物分类树状图,并将织物飘逸波分类(54 号窗纱网除外)。

5.2.4.1　试样飘逸分类树状图

使用 PASW Statistics 18 完成相关计算[2],具体如下:

选择"分析"菜单下"分类"子菜单中的"系统聚类"选项,设定小类之间的距离使用"组间联接",不同试样波形之间的距离使用"平方 Euclidean 距离",将数据标准化为从 0 到 1 的区间上的数,如图 5-2 所示。

图 5-2　分类方法界面
Fig. 5-2　the interface of classification method

设定输出树状图、冰柱图、距离矩阵、3 至 10 组的分类结果和聚类过程,具体计算结果如图 5-3 所示。该图为使用平均联接(组间)的树状图,重新调整距离聚类合并而成。

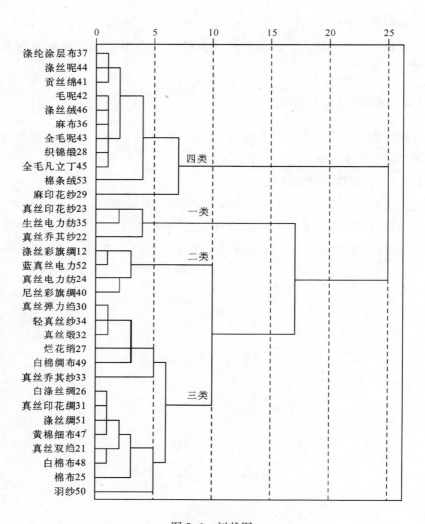

图 5-3 树状图
Fig. 5-3 tree diagram

　　根据织物飘逸的第一个半波的波长、波幅、面积,以及形状系数、衰减系数和整个波形的波数 6 个指标进行聚类得到的结果,可将织物的飘逸形态分为四类:第一类包含 3 个试样波形;第二类包含 4 个试样波形;第三类包含 14 个试样波形;第四类包含 11 个试样波形。

5.2.4.2　四类织物实测飘逸代表波形

四类织物飘逸形态的实测代表波形如图 5-4 所示。

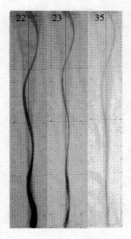

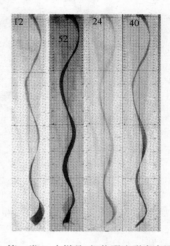

（a）第一类（3 个样品）织物飘逸形态实测图
（a）the measured fabric wave shape
　　for the first type (three samples)

（b）第二类（4 个样品）织物飘逸形态实测图
（b）the measured fabric wave shape
　　for the second type (four samples)

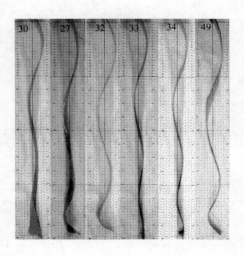

织物飘逸美感及其评价

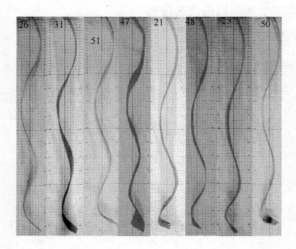

（c）第三类（14个样品）织物飘逸形态实测图

（c）the measured fabric wave shape for the third type（fourteen samples）

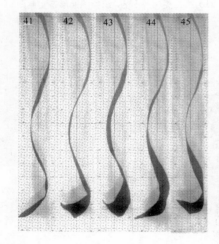 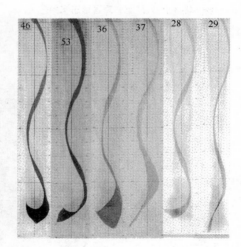

（d）第四类（11个样品）织物飘逸形态实测图

（d）the measured fabric wave shape for the fourth type（eleven samples）

图5-4 四类织物飘逸形态实测图

Fig. 5-4 the measured fabric wave shapes for the four fabric types

5.2.5　四类织物的飘逸特性指标分析

根据图 5-3,对四类织物的飘逸形态进行分析。

5.2.5.1　四类织物特征图分析

根据表 5-2,四类织物的飘逸形态归类及波形参数值见表 5-3。

表 5-3　四类织物的飘逸形态归类及波形参数表

Table 5-3　the table of fabric classification and wave parameters

类别	编号	品种名称	A_1/cm	λ_1/cm	u/cm·s^{-1}	ψ	Ω_1
第一类	22	真丝乔其纱	3.0	22	127.4	0.007 922	0.136 4
	23	真丝印花纱	2.8	19	109.2	0.014 905	0.151 4
	35	生丝洋纺	3.0	20	124.4	0.011 637	0.150 0
第二类	12	涤丝彩旗绸	4.0	20	103.1	0.003 377	0.200 0
	52	蓝真丝电力纺	4.0	18	109.2	0.004 303	0.222 2
	24	真丝电力纺	3.5	21	115.3	0.009 199	0.166 7
	40	尼丝彩旗绸	3.8	19	118.3	0.007 148	0.200 0
第三类	30	真丝弹力绉	3.5	24	133.5	0.005 524	0.145 8
	34	轻真丝纱	3.5	23	127.4	0.005 787	0.152 2
	32	真丝缎	3.5	24	139.6	0.004 384	0.145 8
	27	烂花绡	3.0	26	151.7	0.003 522	0.115 4
	49	白棉细布	3.5	29	148.6	0.003 177	0.120 7
	33	真丝乔其纱	3.2	22	121.4	0.008 026	0.145 5
	26	白涤丝绸	4.0	23	133.5	0.003 602	0.173 9
	31	真丝印花绸	4.0	24	127.4	0.002 975	0.166 7
	51	涤丝绸	4.0	24	133.5	0.002 975	0.166 7
	47	黄棉细布	4.0	25	127.4	0.005 517	0.160 0
	21	真丝双绉	4.0	27	109.2	0.001 261	0.148 1
	48	白棉布	4.0	28	145.6	0.002 716	0.142 9
	25	棉布	4.0	28	148.7	0.006 936	0.142 9
	50	羽纱	3.8	23	142.6	0.009 388	0.165 2

（续　表）

类别	编号	品种名称	A_1/cm	λ_1/cm	$u/cm \cdot s^{-1}$	ψ	Ω_1
第四类	28	织锦缎	4.2	32	166.9	0.001 523	0.131 3
	29	麻印花纱	4.0	30	163.8	0.004 252	0.133 3
	36	麻布	4.2	33	165.4	0.000 441	0.127 3
	37	涤纶涂层布	4.0	30	151.7	0.000 216	0.133 3
	41	贡丝绵	4.0	32	163.8	0.002 603	0.125 0
	42	毛呢	4.4	32	169.9	0.000 828	0.137 5
	43	全毛呢	4.2	34	160.8	0.000 432	0.123 5
	44	涤丝呢	4.0	30	160.8	0.000 474	0.133 3
	45	全毛凡立丁	4.4	32	148.7	0.000 900	0.137 5
	46	涤丝绒	4.4	33	157.7	0.001 988	0.133 3
	53	棉条绒	4.4	32	154.7	0.000 404	0.137 5

根据表 5-3,将各类织物的波形参数值加权平均,得出各类织物的波形参数平均值(表5-4)。

表 5-4　四类织物的波形参数平均值

Table 5-4　the average value of wave parameters for the four types of fabric

类别	A_1/cm	λ_1/cm	S_1/cm^2	$u/cm \cdot s^{-1}$	ψ	Ω_1
第一类	2.933	20.333	59.644	120.333	0.011 488	0.145 9
第二类	3.825	19.500	74.588	111.475	0.006 007	0.197 2
第三类	3.714	25.000	92.857	135.007	0.004 699	0.149 7
第四类	4.200	31.818	133.636	160.382	0.001 278	0.132 1

根据表 5-4,绘制各类织物的特征图(图 5-5)。

由图 5-5 可见,四类织物的 6 个指标和面密度的顺序如下:

波幅顺序为第一类＜第三类＜第二类＜第四类,其中,第二、三类比较接近;

波长顺序为第二类＜第一类＜第三类＜第四类,其中,第一、二类比较接近;

半波面积顺序为第一类＜第二类＜第三类＜第四类;

波速顺序为第二类＜第一类＜第三类＜第四类;

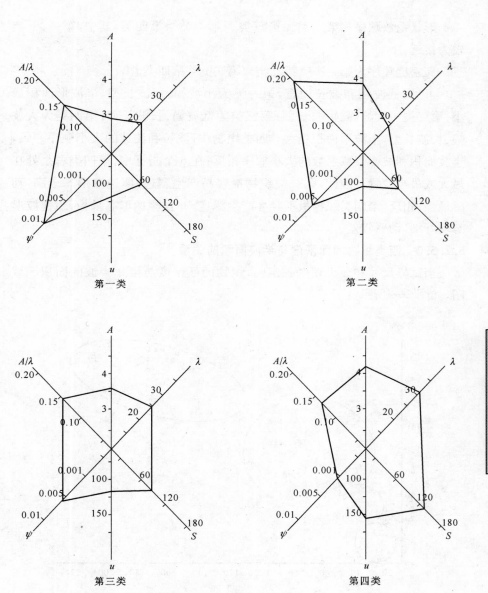

图 5-5　四类织物的特征图

Fig. 5-5　the characteristic diagram of the four types of fabric

波幅衰减系数顺序为第一类＞第二类＞第三类＞第四类；

形状系数顺序为第二类＞第三类＞第一类＞第四类,其中,第一、三类较为接近;

面密度顺序为第一类＜第二类＜第三类＜第四类。

可见,就波幅和波长而言,第一类为小波幅、短波长型,半波形面积最小;第二类为大波幅、短波长型;第三类为低波幅、长波长型;第四类为大波幅、长波长型,半波形面积最大。四类织物中,波长和波速的大小顺序一致,半波面积和波幅衰减系数的大小顺序相反;在6个指标中,第四类总是处在最大或最小位置。因此,第一类织物最容易产生飘逸,飘逸波形态丰满,动感最强;相反,第四类织物最不容易产生飘逸,并且飘逸形态呆板,飘逸波形态较纤细,动感较差。

5.2.5.2 四类织物的面密度与半波面积的关系

当试样尺寸和夹头频率一定时,织物的面密度与第一半波的面积区域图,如图5-6所示。

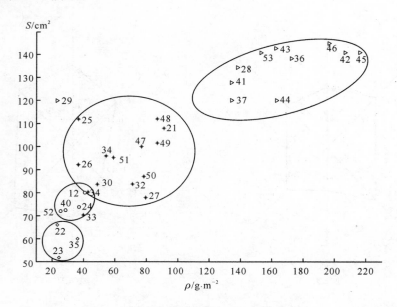

图5-6 织物面密度与半波面积区域图

Fig. 5-6 the average value of basic parameters of the four types of fabric

可见,织物飘逸波形的半波面积随着织物面密度增大而增大;第一、二类织物的面密度和半波面积均处在最低位置,第三类处于中间位置,而第四类处在最高位置。

5.2.5.3 四类织物的特征分析

根据表 2-3 中织物试样的经密、纬密、经纱直径和纬纱直径等基本参数,计算得到织物的总盖覆紧度 E_Z。表 5-5 列出了四类织物的基本参数平均值。

表 5-5　四类织物的基本参数平均值

Table 5-5　the average value of basic parameters of the four types of fabric

类别	编号	品种名称	$\rho/g \cdot m^{-2}$	$E_Z/\%$	$R_F/mN \cdot cm$	S_1
第一类	22	真丝乔其纱	23.4	56.6	2.9	66.0
	23	真丝印花纱	24.4	42.4	7.8	53.2
	35	生丝洋纺	35.9	61.4	198	60.0
		平均值	27.9	53.5	69.6	59.6
第二类	12	涤丝彩旗绸	40.7	68.2	33.3	80.0
	52	蓝真丝电力纺	25.0	98.3	10.8	72.0
	24	真丝电力纺	36.9	93.7	12.7	73.5
	40	尼丝彩旗绸	28.5	96.3	12.7	72.2
		平均值	32.8	89.1	17.4	74.6
第三类	30	真丝弹力绉	48.7	64.7	20.6	84.0
	34	轻真丝纱	42.8	47.1	8.8	80.5
	32	真丝缎	71.5	61.7	40.2	84.0
	27	烂花绡	79.6	34.6	9.8	78.0
	49	白棉细布	86.8	59.1	56.8	101.5
	33	真丝乔其纱	39.9	53.1	5.9	70.4
	26	白涤丝绸	36.8	84.9	32.3	92.0
	31	真丝印花绸	54.3	67.3	12.7	96.0
	51	涤丝绸	58.5	94.2	80.4	96.0
	47	黄棉细布	76.9	90.4	21.6	100.0
	21	真丝双绉	90.9	56.9	10.8	108.0

织物飘逸美感及其评价

类别	编号	品种名称	ρ /g·m^{-2}	E_Z/%	R_F/mN·cm	S_1
三	48	白棉布	86.8	59.1	59.8	112.0
	25	棉布	36.2	102.8	26.5	112.0
	50	羽纱	78.5	106.9	150.9	87.4
		平均值	63.4	73.9	37.0	92.9
四	28	织锦缎	138.2	95.7	275.4	134.4
	29	麻印花纱	23.4	65.8	7.8	120.0
	36	麻布	172.3	139.2	156.8	138.6
	37	涤纶涂层布	134.4	101.8	241.1	120.0
	41	贡丝绵	134.3	110.0	10.8	128.0
	42	毛呢	207.1	96.1	68.6	140.8
	43	全毛呢	162.4	105.1	60.8	142.8
	44	涤丝呢	163.2	72.5	28.4	120.0
	45	全毛凡立丁	216.4	98.8	74.5	140.8
	46	涤丝绒	197.0	110.4	312.6	145.2
	53	棉条绒	153.3	0	41.2	140.8
		平均值	154.7	99.5	116.2	133.6

注：P_J，P_W 分别表示经密和纬密，单位为"根/cm"，d_J，d_W 分别表示经纱和纬纱直径，单位为"μm"；总盖覆紧度 $E_Z(\%) = E_J + E_W - \dfrac{E_J E_W}{100}$。

根据表 5-5，四类织物的面密度、总盖覆紧度和弯曲刚度的平均值见表 5-6。表中第一类织物的弯曲刚度没有考虑生丝洋纺品种。

表 5-6　四类织物的参数平均值

Table 5-6　the average value of the four types of fabric

类别	ρ /g·m^{-2}	E_Z/%	R_F/mN·cm
第一类	27.9	53.5	5.5
第二类	32.8	89.1	17.8
第三类	63.4	73.9	39.1
第四类	154.7	99.5	118.5

　　由于四类织物的原料、组织结构、面密度等规格各不相同,每类织物的飘逸特性及其形成原因分析如下:

　　第一类,包含真丝乔其纱、真丝印花纱和生丝洋纺 3 个品种,均为真丝稀薄织物。它们均形成 5 个半波,第一个半波面积分别为 66 cm^2 和 51.8 cm^2、60 cm^2,平均值为 59.644 cm^2,在所有试样中为最小,说明织物在飘逸过程中吸收的能量小。也就是说,在较小外力的作用下,这类织物就会产生飘逸。这 3 个品种的波幅衰减系数分别为 0.007 922、0.014 905 和0.011 637,平均值为 0.011 488,属于最大,充分表现出织物飘逸优美的形态变化。这类织物形成飘逸特性的主要原因,一是它们的面密度小,分别为23.4 g/m^2、25.4 g/m^2 和 35.9 g/m^2,平均值为 27.9 g/m^2,在所测试样中,除麻印花纱和尼丝彩旗绸以外,是最轻的;二是织物的盖覆紧度小,透孔率较大,空气阻力较小;三是织物的抗弯刚度,除了生丝洋纺(202 mN·cm)外,其他 2 个品种的抗弯刚度分别为 3 mN·cm 和8 mN·cm,属于最小。

　　第二类,包含涤丝彩旗绸、蓝真丝电力纺、真丝电力纺和尼丝彩旗绸 4个品种,整个波形 5 个半波,第一个半波的面积为 72～80 cm^2,平均值为74.588 cm^2;形状系数 A_1/λ_1 为 0.166 66～0.222 22,平均值为0.197 2,属于最大;衰减系数为 0.003 377～0.009 199,平均值为 0.006 007。该类织物的面密度的平均值为 32.8 g/m^2,高于第一类;其弯曲刚度也高于第一类。

　　第三类,包含 14 个品种,主要是以真丝、棉、锦纶和涤丝为原料的绸、绉、纱、锻、绡织物,均形成 4 个半波,第一个半波的面积为 70.4～115.5 cm^2,平均值为 92.857 cm^2;形状系数 A_1/λ_1 为 0.106 06～0.173 913,平均值为0.149 7;衰减系数为 0.001 261～0.009 945,平均值为 0.005 674。该类织物的面密度的平均值为 63.4 g/m^2,略高于第一、二类;弯曲刚度为73.9 mN·cm,高于第一类,但低于第二类。

　　第四类,包括 11 个品种,主要是以棉、麻、毛和涤纶为原料的呢、织锦和绒类织物,整个波形中形成的波数最少,其半波数均为 3 个,第一半波的面积为 120～145.2 cm^2,平均值为 133.636 cm^2,在所测试样中为最大,说明织物形成飘逸波时吸收的能量最大，即织物不易产生飘逸波；除麻印花纱（0.004 252）外，波幅衰减系数为 0.000 216～0.002 603，平均值为 0.001 278，属于最小，说明织物在飘逸波传播过程中所消耗的能量相对于织物所获得的能量很小，飘逸状态传播的距离较远；形状系数 A_1/λ_1 为 0.125～0.133 33，平均值为 0.132 1，在所测试样中为最小，说明所形成的波形所占面积和空间虽然较大，但波形不丰满、较扁瘦。这类织物形成飘逸波特性的主要原因，一是面密度大，除麻印花纱（23.4 g/m²）外，其面密度为 134.4～216.4 g/m²，平均值为154.7 g/m²，在所有样品中为最高；二是织物的盖覆紧度最大，平均值为 99.5%；三是弯曲刚度最大，平均值为 118.5 mN·cm。

值得一提的是 29 号麻印花纱和 35 号生丝洋纺。麻印花纱虽然面密度较小（23.4 g/m²），织物较薄（厚度为 0.04 mm），弯曲刚度较小（8 mN·cm），但纬纱较粗（172 μm），并且有捻度，从表 3-1 可知，麻纤维的弯曲刚度最大，因此，其波动形成的半波面积较大，属于第四类。生丝洋纺的面密度为 35.9 g/m²，由于含有部分丝胶，其弯曲刚度为 202 mN·cm，但是桑蚕丝的弯曲刚度较小，因此，第一波的半波长较小，半波面积较小，归于第一类；而从图 5-4 可见，第三波之后波幅衰减很大，波幅趋于零的速率较大，由于织物的弯曲刚度较大，在第三波之后织物的传播能力不足以使织物形成明显的弯曲，类似于窗纱网的波动形态（表 5-2 和图5-1）。窗纱网的密度为 6 根/cm×6 根/cm，面密度为 94 g/m²，测得滑出长度为6.6 cm，弯曲刚度为 306 mN·cm；第一半波的波幅为 4 cm，波长为 40 cm，半波面积为 160 cm²，由于波形衰减较大，第二波之后基本不能形成弯曲波，并且波形曲线不够流畅圆滑，不能形成飘逸感。

5.2.6　飘逸织物形状尺寸区域

根据表 5-1，除 54 号试样外，在所测试样中，第一波的波幅为 2.8～4.4 cm，波长为 19～34 cm，形状系数为 0.115 4～0.222 2。所测织物的第一波的形状尺寸区域如图 5-7 所示。

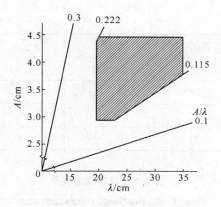

图 5-7　织物波形的形状尺寸区域

Fig. 5-7　the size region of fabric wave shape

在一定的试样尺寸(长 80 cm、宽 10 cm)和夹头参数(夹头频率 3 Hz、移幅 4.4 cm)的条件下,图 5-7 解释了所测织物飘逸半波波幅、波长和形状系数的区域。由表 5-4 和图 5-5 可知,一般高类别的飘逸波形状尺寸位于高端,低类别的飘逸波形状尺寸位于下端。

5.3　飘逸波形态特征指标影响分析

5.3.1　主因子分析

对 6 个飘逸波形态指标进行因子分析,提取 3 个因子,其累计贡献率为 94.837%(表 5-7,表 5-8),基本能够代表织物的飘逸性。

表 5-7　解释的总方差

Table 5-7　total variance explained

成分	方差的 %	累积 %	方差的 %	累积 %
1	79.482	79.482	79.482	79.482
2	11.388	90.870	11.388	90.870

（续　表）

成分	方差的 %	累积 %	方差的 %	累积 %
3	3.967	94.837	3.967	94.837
4	3.789	98.626	—	—
5	1.347	99.973	—	—
6	0.027	100.000	—	—

表5-8　旋转成分矩阵

Table 5-8　rotational component matrix

参数	成　分		
	1	2	3
半波幅 A_1	0.436	−0.796	−0.244
半波长 λ_1	0.910	−0.272	−0.265
波数 N	−0.892	0.285	0.256
形状系数 Ω_1	−0.239	0.889	0.242
半波面积 S_1	0.821	−0.501	−0.244
衰减系数 ψ	−0.467	0.469	0.749

因此,得织物飘逸综合指标的表征方程:

$$Q_1 = 0.436A_1 + 0.910\lambda_1 - 0.892N - 0.239\Omega_1 + 0.821S_1 - 0.467\psi$$

$$Q_2 = -0.796A_1 - 0.272\lambda_1 + 0.285N + 0.889\Omega_1 - 0.501S_1 + 0.469\psi$$

$$Q_3 = -0.244A_1 - 0.265\lambda_1 + 0.256N + 0.242\Omega_1 - 0.244S_1 + 0.749\psi$$

$$(5.1)$$

第一主因子为飘逸强度因子,与半波长、波数和半波面积的关系密切,代表了织物飘逸波的能量;第二主因子为飘逸形态因子,与飘逸波的形状系数和波幅关系的密切,代表了织物飘逸波的丰满度;第三主因子为飘逸波幅衰减因子,与波幅衰减系数的关系密切,代表了织物沿着飘逸传播方向的衰减程度。

由表5-4和式(5.1)可知,四类织物飘逸波综合指标的变化规律,第一至第四类的飘逸强度因子值分别为64.249 31、76.139 51、96.998 93和

织物飘逸美感及其评价

137.792 6,飘逸形态因子值分别为－36.186 8、－44.114 2、－55.002 4 和
－77.976 3,飘逸波幅衰减因子分别为－19.333 1、－22.968 1、－29.124 6
和－41.262 8。因此,第一至第四类织物的飘逸波综合指标变化为:强度因
子值逐渐增大,形态因子值和波幅衰减因子值逐渐减小。

5.3.2　织物面密度对形状系数的影响

由表 5-2 和表 5-5,得织物飘逸波形的形状系数与织物面密度的关系
(图 5-8)。

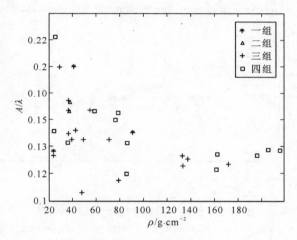

图 5-8　四类织物的形状系数区域图

Fig. 5-8　the regional diagram of the four types of fabric

由图 5-8 可见,随着织物面密度的增大,形状系数有下降的趋势,当面
密度较高(约高于 130 g/m²)时,形状系数较低并趋于平稳。第三、四类织物
的面密度较大,其形状系数最小;而第一、二类的形状系数偏高并且较为分
散,说明影响因素较为复杂。

5.3.3　织物紧度、弯曲刚度对波形参数的影响

5.3.3.1　对形状系数的影响

根据表 5-5,画出织物总盖覆紧度 E_Z 与形状系数 A/λ 的散点图(图
5-9)。织物弯曲刚度与形状系数的关系如图 5-10 所示。

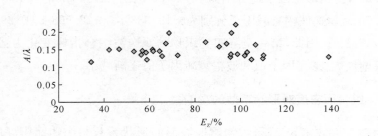

图 5-9　织物紧度与形状系数的关系
Fig. 5-9　the relationship between fabric tightness and shape coefficient of fabric

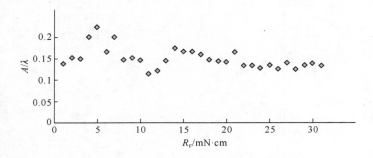

图 5-10　织物弯曲刚度与形状系数的关系
Fig. 5-10　the relationship between fabric bending
rigidity and shape coefficient of fabric

　　由图 5-9 可见,织物总盖覆紧度 E_z 与形状系数 A/λ 之间的关系无明显规律。由图 5-10 可见,在织物弯曲刚度较小时,形状系数较为分散,而弯曲刚度较大时形状系数趋于平稳。总之,织物的总盖覆紧度和弯曲刚度对波形的形状系数的影响没有明显规律。

5.3.3.2　对半波面积和波幅衰减系数的影响

　　根据表 5-5,织物总盖覆紧度、弯曲刚度各自对半波面积和波幅衰减系数的影响分析如下:

　　(1)对半波面积的影响

　　由表 5-5,得织物总盖覆紧度与半波面积的散点图(图 5-11),以及织物弯曲刚度与半波面积的的散点图(图 5-12),图中"◆"表示第一类织物,"■"表示第二类织物,"△"表示第三类织物,"×"表示第四类织物。

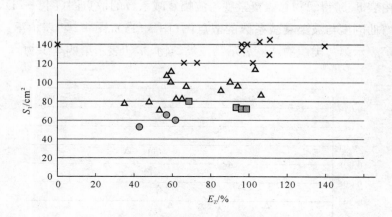

图 5-11　织物总盖覆紧度与半波面积的关系
Fig. 5-11　the relationship between fabric tightness and half wave area

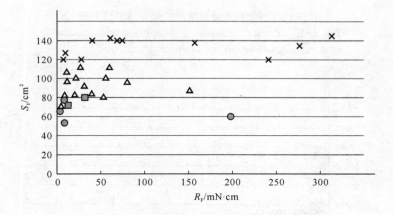

图 5-12　织物弯曲刚度与半波面积的关系
Fig. 5-12　the relationship between fabric bending rigidity and half wave area

　　由于织物总盖覆紧度越大,则织物的弯曲刚度越大[3]。从图 5-11 可见,第一类织物的第一波形的面积最小,第二类和第三类织物次之,第四类织物最大;在各类中,波形面积随织物总盖覆紧度的增大均有增大的趋势。从图 5-12 可见,第一类织物的的波形面积最小,第二类和第三类次之,第四类最大;但各类中,半波面积随织物的弯曲刚度增大的趋势较为平稳。

（2）对波幅衰减系数的影响

由表 5-5，得织物总盖覆紧度与波幅衰减系数的散点图（图 5-13），以及织物弯曲刚度与波幅衰减系数的散点图（图 5-14），图中"●"表示第一类织物，"■"表示第二类织物，"▲"表示第三类织物，"×"表示第四类织物。

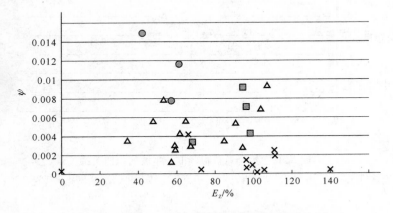

图 5-13   织物总盖覆紧度与波幅衰减系数分布图
Fig. 5-13   the scatter diagram of tightness and amplitude
attenuation coefficient of fabric

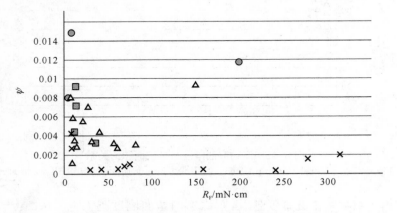

图 5-14   织物弯曲刚度与波幅衰减系数分布图
Fig. 5-14   the scatter diagram of bending rigidity and
amplitude attenuation coefficient of fabric

由上述两图可见，第一类织物的波幅衰减系数最大，第二类和第三类织物次之,第四类最小;从图 5-14 可见,除第四类织物的衰减系数最低外,在各类织物中,随着弯曲刚度的增大,波幅衰减系数均有减小的趋势(50 号羽纱除外)。

5.4　织物飘逸波形模拟

根据织物飘逸波形的实测参数,通过聚类分析得到四类织物的飘逸波形,由式(3.140)所示的波形波幅衰减方程:

$$y = A_0 e^{-\psi x} \cos \left(\omega t - \frac{\omega}{u} x + \varphi \right) = A_0 e^{-\psi x} \cos \left(\omega t - kx + \varphi \right)$$

式中:$\psi = \dfrac{\ln A_x - \ln A_{x+\lambda}}{\lambda}$;$k = \dfrac{\omega}{u} = \dfrac{2\pi}{\lambda}$。

编写 GUI 程序,用于模拟给定波幅、波长、频率和衰减系数等参数的波形及其变化规律,也可通过实测得到的织物面密度与波长和波幅衰减系数的关系,给定波幅、频率和织物面密度模拟飘逸波曲线,并通过改变相关参数,使模拟波形达到所需要的飘逸形态,为设计飘逸性织物提供参考。

程序编写的具体思路是:依据上述波形波幅衰减方程,以及式(4.22)“$\lambda = 25.74 + 0.129\rho$”和式(4.25)“$\psi = 0.08 e^{-0.021\rho}$”,计算不同参数下每一时刻的波形,将这些波形连续播放,形成动画,默认的相邻两个图片的间隔时间是 0.01 s。

程序运行的界面如图 5-15 所示。

图中,A 为初始波幅,f 为夹头频率,ρ 为织物面密度,织物长度为80 cm(模拟长度 70 cm)。

具体使用时,在每一个参数框中输入参数,然后点击“DongHua”按钮,即可在窗口中观察到波形变化的动画;在播放过程中可以修改任何参数,按回车确认后,立即在窗口显示修改后的结果。

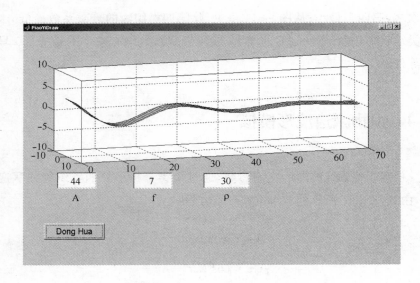

图 5-15　程序运行的界面

Fig. 5-15　the interface of the program

5.5　本章小结

（1）实测 33 种织物，采集 14 个指标，剔除线性关系比较明显的指标，最终使用波形的半波波长、波幅、半波面积、形状系数、衰减系数和波数 6 个指标，采用欧氏距离法进行聚类分析，将所有样品分为四类。

（2）画出织物第一波的形状尺寸区域和织物的面密度与第一半波面积的区域图，并将实测飘逸代表波形进行归类比较，对四类织物进行特征分析。

第一类为真丝乔其纱、真丝印花纱和生丝洋纺 3 个品种，均为真丝稀薄织物。它们均形成 5 个半波，第一个半波面积的平均值为 59.644 cm²，在所有试样中为最小，说明织物在飘逸过程中吸收的能量小；也就是说，在较小外力的作用下，这类织物就会产生飘逸波。这三个品种的波幅衰减系数的平均值为 0.011 488，属于最大，充分表现出织物飘逸优美的形态变化。第二类为涤丝彩旗绸、蓝真丝电力纺、真丝电力纺和尼丝彩旗绸 4 个品种,其波形均为 5 个半波,第一个半波面积的平均值为 74.588 cm²;形状系数 A_1/λ_1 的平均值为 0.197 2,属于最大;衰减系数的平均值为 0.006 007。该类织物的面密度的平均值为 32.8 g/m²,高于第一类。第三类主要是以真丝、棉、锦纶和涤丝为原料的绸、绉、纱、缎、绡织物等 14 个品种,均形成 4 个半波,第一个半波面积的平均值为 92.857 cm²;面密度的平均值为 63.4 g/m²,略高于第一、二类;弯曲刚度为 73.9 mN·cm,高于第一类,但低于第二类。第四类主要是以棉、麻、毛和涤纶为原料的呢、织锦和绒类织物等 11 个品种,整个波形中形成的波数最少,其半波数均为 3 个,第一半波面积的平均值为 133.636 cm²,在所测试样中为最大,说明织物形成飘逸波时吸收的能量最大,即织物不易产生飘逸波;除麻印花纱(0.004 252)外,波幅衰减系数的平均值为 0.001 278,属于波最小,说明织物在飘逸波传播过程中所消耗的能量相对于织物所获得的能量很小。随着织物面密度的增大,形状系数有下降的趋势,当面密度较高(约高于 130 g/m²)时,形状系数较低并趋于平稳。

（3）对飘逸特征指标进行主因子分析,确定三个主因子分别为飘逸强度因子、飘逸形态因子和飘逸波幅衰减因子。其中:第一主因子为飘逸强度因子,与半波长、波数和半波面积的关系密切,代表了织物飘逸波的能量,该因子值越高,织物飘逸需要的能量越大,说明织物越不易飘逸;第二主因子为飘逸形态因子,与飘逸波的形状系数和波幅的关系密切,代表了织物飘逸波的丰满度,该因子值越高,织物飘逸波越丰满,飘逸美感越强;第三主因子为飘逸波幅衰减因子,与波幅衰减系数的关系密切,代表了织物沿着飘逸传播方向的衰减程度,该因子值越高,飘逸波的波幅衰减越大,波形越优美。第一至第四类的飘逸波综合指标变化为:强度因子值逐渐增大,形态因子值和波幅衰减因子值逐渐减小。通过织物总盖覆紧度和弯曲刚度对飘逸波形的影响分析,可知织物总盖覆紧度与形状系数之间的关系无明显规律,在织物弯曲刚度较小时形状系数较为分散,弯曲刚度较大时形状系数趋于平稳;在各类织物中,波形面积随着织物总盖覆紧度的增大均有增大的趋势,而半波面积随着织物弯曲刚度的增大而变化的趋势较为平稳。在第一至第三类织物中,随着弯曲刚度的增大,波幅衰减系数均有减小的趋势(50 号羽纱除

织物飘逸美感及其评价

外);但织物总盖覆紧度与波幅衰减系数的关系没有明显规律关系。

（4）根据实测验证了的飘逸波衰减方程,编写 GUI 程序,模拟给定初始波幅、频率和织物面密度等参数的波形及其变化规律,改变相关参数,可使模拟波形达到所需要的飘逸形态。

总之,本文采用自制装置,测定织物单向牵动飘逸性能是可行的、有效的。通过聚类分析,将织物飘逸形态划为四类,符合织物实际飘逸的规律。将织物飘逸性能指标归纳为飘逸强度因子、飘逸形态因子和飘逸衰减因子三个综合指标,随着织物类别的增高,飘逸美感逐渐下降。输入织物面密度,模拟飘逸波系统,得到的飘逸波动画基本符合实际情况。

参考文献

[1] 方开泰,潘恩沛. 聚类分析[M]. 北京:地质出版社,1982:23-25.

[2] 张文彤. SPSS11 统计分析教程[M]. 北京:希望电子出版社,2002.

[3] 范立红,沈兰萍,段亚峰. 织物弯曲性能与其结构参数的关系[J]. 陕西纺织,1999,2(42):31-33.

织物飘逸美感及其评价

第 6 章　　总结与展望

本书对织物飘逸性的含义、指标和测试方法进行了描述,采用自制的飘逸测试装置对 53 种试样的飘逸波形进行拍摄,并采集数据和分析,为织物动态性能的研究提出了一种新的测试方法和手段,对于织物飘逸性能的测试和评价具有一定的实际意义。

6.1　　总结

6.1.1　织物飘逸性含义和分类

织物飘逸性是指在风吹或外力牵引的作用下,织物形成曲面形态及其变化的特性。按织物飘逸波动方向不同,可分为单向飘逸和多向飘逸两种;其中,单向飘逸按织物受力方式不同,又分为牵动飘逸和风吹飘逸两种形式。

6.1.2　中国古人对服饰飘逸的应用与审美

古人最早在服饰上运用飘逸性的佐证材料体现在中国的古诗、绘画、雕塑等艺术作品中,特别是在魏晋南北朝和隋唐时期,古人的"褒衣博带""广袖长裾"是服饰产生飘逸感的基础,因而形成了"长袖善舞""华带飞髾"等成语;由于受到服饰飘逸特性的影响,形成了"吴带当风"绘画的艺术风格。

飘逸感的审美来源于大自然,人与大自然同情,进而感受到美;人们把服饰飘逸所呈现的动态美感作为人情转化成物情的一种表达方式,显示了古人追求自由奔放、自然飘逸的境界;飘逸波的曲线形式,更符合人们的视觉审美要求。

6.1.3 飘逸测试装置基本原理及其织物受力分析

根据牵动作用时织物单向飘逸的波动形态,设计并制作了飘逸性能测试装置,对织物的受力状态进行分析。

(1)测试装置的工作原理。该装置的机械部分采用长连杆滑块机构,使得夹头的往复运动符合简谐运动的规律。为了保证夹头运动稳定和定位拍摄,选用步进电动机,并采用单片机、光电耦合器和磁敏感应器等电器控制电路,使得夹头在任何位置快门能够打开并自动闪光拍摄,提高了飘逸波形拍摄的准确度,方便了试样图片的数据采集和比较。

(2)对悬垂单向飘逸的试样进行受力分析,通过理论分析可知,在夹头频率一定时,试样宽度增大,飘逸波幅随之增大;而织物的面密度越大或长度越长,则飘逸波的波长越长,波幅越小。

6.1.4 织物飘逸性能指标及其分析

织物飘逸性的客观评价指标可分为基本指标和综合指标两类:

(1)基本指标是指织物飘逸波形中测得的单一飘逸行为的基本物理指标,包括最基本的物理指标和计算指标,如波幅、波长、波长比、频率、波形面积、波形状系数、波数、波形曲率、织物屈曲收缩率、波幅衰减系数、波长衰减比、飘逸速度感、飘逸波速、飘逸波强度和飘逸性均匀度等。由于织物飘逸波是一个衰减的曲面波形,仅用一个指标是难以表达整体形貌的。

(2)综合指标,通过对飘逸波形的基本指标参数进行主因子分析,确定了飘逸强度因子、飘逸形态因子和飘逸波幅衰减因子三个综合指标,对多个试样纬向的飘逸进行测试,得到表征方程,即式(5.1):

$$Q_1 = 0.436A_1 + 0.910\lambda_1 - 0.892N - 0.239\Omega_1 + 0.821 S_1 - 0.467\psi$$

$$Q_2 = -0.796A_1 - 0.272\lambda_1 + 0.285N + 0.889\Omega_1 - 0.501 S_1 + 0.469\psi$$

$$Q_3 = -0.244A_1 - 0.265\lambda_1 + 0.256N + 0.242\Omega_1 - 0.244 S_1 + 0.749\psi$$

上式中,第一主因子 Q_1 为飘逸强度因子,与半波长、波数和半波面积的关系密切,代表织物飘逸波的能量,该因子值越高,织物飘逸需要的能量越大,说明织物越不易飘逸;第二主因子 Q_2 为飘逸形态因子,与飘逸波的形状系数和波幅的关系密切,代表织物飘逸波的丰满度,该因子值越高,织物飘逸波越丰满,飘逸美感越强;第三主因子 Q_3 为波幅衰减因子,与波幅衰减系数的关系密切,代表织物沿着飘逸传播方向的衰减程度,该因子值越高,飘逸波的波幅衰减越大,波形越优美。

6.1.5　织物飘逸波形聚类分析

(1) 从飘逸波基本指标中筛选出半波波长、波幅、波形面积、形状系数、衰减系数和波数 6 个指标,采用欧氏距离法进行聚类分析,将所有样品分为四大类,对这四类织物的飘逸波特征进行分析,可知:

第一类为真丝乔其纱、真丝印花纱和生丝洋纺等品种,均为真丝稀薄织物,均形成 5 个半波数,第一个半波面积的平均值为 59.644 cm²,在所有试样中为最小,说明织物在飘逸过程中吸收的能量小;也就是说,在较小外力的作用下,织物就会产生飘逸波。这类织物的波幅衰减系数的平均值为 0.011 488,属于最大,充分表现出织物飘逸优美的形态变化。

第二类为涤丝彩旗绸、蓝真丝电力纺、真丝电力纺和尼丝彩旗绸等品种,其波形均为 5 个半波,第一个半波面积的平均值为 74.588 cm²;形状系数 A_1/λ_1 的平均值为 0.197 2,属于最大;衰减系数的平均值为 0.006 007。该类织物的面密度的平均值为 32.8 g/m²,高于第一类。

第三类主要是以真丝、棉、锦纶和涤丝为原料的绸、绉、纱、缎、绡织物等品种,均形成 4 个半波,第一个半波面积的平均值为 92.857 cm²。该类织物的面密度的平均值为 63.4 g/m²,略高于第一、二类;弯曲刚度为 73.9 mN·cm,高于第一类,而低于第二类。

第四类主要是以棉、麻、毛和涤纶为原料的呢、织锦和绒类织物等品种,在整个波形中形成的波数最少,其半波数均为 3 个,第一半波面积的平均值为 133.636 cm²,在所测试样中为最大,说明织物形成飘逸波时吸收的能量最大,即织物不易产生飘逸波。除麻印花纱(0.004 252)外,这类织物的波幅衰减系数的平均值为 0.001 278,属于最小,说明织物在飘逸波传播过程中所消耗的能量很小。

由表 5-4 和式(5.1)可知四类织物飘逸波的综合指标的变化规律,第一至第四类的飘逸强度因子平均值分别为64.249 31、76.139 51、96.998 93和137.792 6,飘逸形态因子平均值分别为 −36.186 8、−44.114 2、−55.002 4和−77.976 3,飘逸波幅衰减因子平均值分别为 −19.333 1、−22.968 1、−29.124 6和−41.262 8。因此,第一至第四类织物飘逸波的综合指标顺序为:随着类别的渐高,飘逸波强度因子值逐渐增大,飘逸波形态因子值和波幅衰减因子值逐渐减小。

(2) 根据织物的面密度与第一半波面积的区域图(图5-6)可知,各类织物飘逸波所占区域相对集中,随着织物面密度的增大,飘逸波第一半波面积也增大,飘逸波类别随之提高。

6.1.6   织物飘逸波形态模拟

(1) 随传播距离的延长,飘逸波波幅和波长均有衰减现象。通过实测得知,飘逸波幅 A 随波形传播距离 x 呈指数规律减小,回归方程为式(4.23),即:

$$A = 6.416\ 8e^{-0.035\ 76x}$$

上式符合理论推导的飘逸波函数方程式(3.140)中的波幅分析:

$$y = A_0 e^{-\psi x} \cos\left[\omega t - \frac{2\pi}{\lambda}x + \varphi\right]$$

而实测所得的波长λ随波形传播距离 x 呈幂函数规律减小,回归方程为式(4.24),即:

$$\lambda = \sqrt{\frac{86.56 - x}{0.033\ 97}}$$

当夹头频率和试样一定时,上式符合理论推导的飘逸波速理论公式(3.59):

$$\lambda = \frac{u}{f} = \frac{1}{f}\sqrt{L_0\left(1 - \frac{x}{L}\right)g}$$

可见,飘逸波为一个随着传播距离 x 的延长,波幅和波长逐渐减小的非正规余弦函数。飘逸波的衰减现象表现了织物飘逸优美的形态变化。当试样长度较短时,对于波长造成的飘逸波变化,人眼难以分辨清楚,在设计波形模拟时,波长可视为固定值。

(2) 对 9 个品种的织物的飘逸波形进行测试,可知随织物的面密度 ρ 增大,波长 λ 呈线性增长,回归方程为式(4.22),即:

$$\lambda = 25.74 + 0.129\rho$$

织物的面密度越大,飘逸时获得的能量越大。通过实测,得知波幅衰减系数 ψ 随面密度 ρ 增大呈指数规律减小,回归方程为式(4.25),即:

$$\psi = 0.08e^{-0.021\rho}$$

说明织物的面密度越大,波幅衰减系数越小,织物越呆板,飘逸感越差。

根据波形波幅衰减方程,以及实测得到的织物面密度与波长和波幅衰减系数的关系式(4.22)和式(4.25),由计算机模拟飘逸波形态。只要在参数框中输入给定初始波幅、频率和织物面密度三个参数,便可模拟织物的飘逸波曲面形态,为设计具有飘逸感的织物提供参考。

6.1.7 织物飘逸波影响因素分析

(1) 夹头频率对飘逸波的影响。对不同夹头频率对真丝电力纺飘逸波形的影响进行测试,可知飘逸波长随着夹头频率增大呈线性减小,回归方程为式(4.16),即:

$$\lambda = 53.18 - 8.5f$$

波速随着夹头频率增大呈线性增大,回归方程为式(4.17),即:

$$u = 82.63 + 18.1f$$

波幅随频率的变化规律不明显,但是波幅衰减系数随着频率增大而增大。另外,比较真丝电力纺和全毛呢两个试样。这两个试样的半波面积均随着频率的增大而减小,而飘逸波强度均随着频率的增大而增大。在同频率下,全毛呢的半波面积和飘逸波强度大于真丝电力纺,说明真丝电力纺更容易产生飘逸波动。

（2）试样长度对飘逸波的影响。在夹头频率为 2.33 Hz 时，对宽度为 5 cm 的真丝电力纺进行实测，发现试样长度越长，第一波的波幅呈线性减小，而波长呈线性增大。波幅 A 与试样长度 L_0 的回归方程为式（4.18），即：

$$A = 5.157 - 0.028\,6L_0$$

波长 λ 与试样长度 L_0 的回归方程为式（4.19），即：

$$\lambda = 9.596 + 0.214\,6L_0$$

对宽度为 10 cm 和 15 cm 的同种试样进行测试，其影响也有相同的规律，并且认为试样长度选择在 60 cm 以上，才能形成一个完整的波形。在夹头频率一定时，随着试样长度的增加，波形的半波面积、波速、波强均增大，而形状系数逐渐减小，说明波形形态趋于纤细。

（3）试样宽度对飘逸波形的影响。在夹头频率为 3 Hz 时，随着试样宽度的增加，波长变化不大，并且无规律。试样宽度 B 与波幅 A 的回归方程为式（4.20），即：

$$A = 1.547 + 0.121\,3B$$

波长 λ 与波幅 A 的回归方程为式（4.21），即：

$$\lambda = 22.75 + 6.23A$$

另外，随着试样宽度增大，波幅衰减系数逐渐减小，第一半波面积、波强和形状系数则逐渐增大。

（4）织物悬垂固有圆频率与夹头圆频率是否相同，会影响试样波幅。由式（3.93）" $\omega_0 = \dfrac{1}{L_0}\sqrt{\dfrac{E_F}{\rho_F}}$ "可见，织物的固有圆频率与试样长度成反比，与弯曲弹性系数和密度的比值的开方成正比。因此，试验时夹头圆频率应避开织物的固有圆频率。

（5）实测织物总盖覆紧度和弯曲刚度对飘逸波形的影响，发现织物总盖覆紧度与形状系数之间的关系无明显规律，在织物弯曲刚度较小时形状系数较为分散，弯曲刚度较大时形状系数趋于平稳；在各类织物中，波形面积随着织物总盖覆紧度的增大均有增大的趋势,而半波面积随着织物弯曲刚度的增大而变化的趋势较为平稳。在第一至第三类织物中,随着弯曲刚度的增大,波幅衰减系数均有减小的趋势(50 号羽纱除外),但织物总盖覆紧度与波幅衰减系数的关系没有明显的规律。

6.1.8 织物飘逸测试初始条件确定

夹头频率的确定取决于夹头运动的振幅和试样长度。测试时,试样长度一般根据常见裙子长度和实验空间条件,选择为 60~80 cm;考虑到试样飘逸时至少应呈现一个波长的波形,选择夹头振幅为 4~5 cm。夹头的频率越高,形成一个完整周期所需的试样长度就越短;同时,还要考虑观察者的视觉舒适程度,若在相间距离 1 m 处观察试样的运动,则视觉舒适区的夹头最大频率为 7 Hz;另外,从风力作用的角度来看,一级轻风(0.3 m/s)吹动织物飘逸近似于夹头带动试样的频率约为 1.05 Hz。综合上述因素,夹头频率在 1~4 Hz 范围内较为适宜。测试宽度会影响波形的读数误差,一般试样形态较为规范时的宽度为 10 cm。

6.2 展望

由于研究水平、研究时间和测试条件等方面的原因,本书尚有许多不完善之处。通过本课题的研究,提出了织物飘逸性能的测试方法和客观评价指标,对进一步研究织物飘逸性能具有一定的实际意义,对于飘逸织物的检测具有一定的指导意义。因此,对织物飘逸性能的后续研究具有很高的理论价值与应用前景。今后的研究工作可以概括为以下几个方面:

(1)飘逸测试系统的夹头定位、相机自动拍摄虽然较为准确,但是从图片上采集数据较为繁琐;通过计算机直接采集飘逸波形的数据并进行神经网络系统分析,有待于进一步研究。

(2)织物的组织结构对飘逸性能有影响,本书只对织物面密度的影响进行了分析,组织结构的影响需继续研究。

（3）本书主要研究织物被夹头牵引时的单向飘逸性能，对于风吹动形成的单向飘逸性，尚无人研究。另外，动态悬垂性是多向飘逸性的典型测试手段，本书没有涉及。

（4）本书对织物衰减波形进行模拟，仅关注波幅的衰减，没有考虑波长随波形传播距离变化的实际情况，有待今后研究分析。

附　录

1　运用能量分析推导织物飘逸波速公式

假设纱线张力 T 为非时变,纱线的横向位移 y 很小,如图 3-20 所示。由于波动传播在 x 位置以下的纱线原长度 $x_0 = \dfrac{L-x}{1-c} = L_0\left(1-\dfrac{x}{L}\right)$,因此在 x 位置以下的纱线张力为:

$$T = \rho x_0 g = \rho L_0\left(1-\frac{x}{L}\right)g \qquad (\text{附 }1.1)$$

令横向速度 $\quad v = \dfrac{\partial y}{\partial t},\ \theta = \dfrac{\partial y}{\partial x}$,试样的动能为:

$$E_k = \frac{1}{2}\int \rho v^2\,\mathrm{d}x \qquad (\text{附 }1.2)$$

试样的势能为织物回复能与重力势能之和:

$$
\begin{aligned}
E_P &= \frac{1}{2}\int k\mathrm{d}^2 y + \int \rho x_0 g\,\mathrm{d}x = \\
&\quad \frac{1}{2}\int F\mathrm{d}y + \int \rho x_0 g\,\mathrm{d}x = \\
&\quad \frac{1}{2}\int T\frac{\mathrm{d}y}{\mathrm{d}x}\mathrm{d}y + \int \rho x_0 g\,\mathrm{d}x = \\
&\quad \frac{1}{2}\int T\theta^2\,\mathrm{d}x + \int \rho x_0 g\,\mathrm{d}x
\end{aligned}
\qquad (\text{附 }1.3)
$$

织物飘逸美感及其评价

令 $L = E_k - E_p$，根据哈密顿原理：

$$\partial \int L\mathrm{d}t = \partial \iint \left[\frac{1}{2}(\rho v^2 - T\theta^2) - \rho x_0 g \right]\mathrm{d}x = 0 \qquad (\text{附}1.4)$$

令 $F = \frac{1}{2}(\rho v^2 - T\theta^2) - \rho x_0 g$，把 F 视为 u、v、θ 的函数，则变分为 0 的条件是：

$$\frac{\partial^2 F}{\partial v \partial t} + \frac{\partial^2 F}{\partial \theta \partial x} = \frac{\partial F}{\partial u} \qquad (\text{附}1.5)$$

因为 $\dfrac{\partial F}{\partial v} = \rho v$，$\dfrac{\partial F}{\partial \theta} = -\rho L_0\left(1 - \dfrac{x}{L}\right)g\theta$，$\dfrac{\partial F}{\partial u} = 0$，代入上式得：

$$\frac{\partial v}{\partial t} = -\frac{L_0}{L}g\theta + L_0\left(1 - \frac{x}{L}\right)g\frac{\partial \theta}{\partial x}$$

即

$$\frac{\partial^2 y}{\partial t^2} = -g\frac{L_0}{L}\frac{\partial y}{\partial x} + L_0 g\left(1 - \frac{x}{L}\right)\frac{\partial^2 y}{\partial x^2} \qquad (\text{附}1.6)$$

上式等号左边是动力密度，方向水平；等号右边第一项是来自"单摆效应"的力密度，当波幅很小时，该项的值远小于第二项，可视为零；等号右边第二项是来自"弹性回复力"的力密度。可见，纱线的波速 $u^2 = L_0 g\left(1 - \dfrac{x}{L}\right)$，与式(3.63)相同。

2 积分方法解释织物飘逸波的波幅衰减指数关系

波形图上的波面 S_1 和波面 S_2 处的振幅不相同，其中 $\mathrm{d}A < 0$，如附图2.1所示。

当波通过织物上极薄的一层断面时（断面厚度为 $\mathrm{d}x$），振幅的衰减（$\mathrm{d}A$）正比于此处的振幅 A，也正比于厚度 $\mathrm{d}x$。若试样的波动阻率为 ψ，则振幅的衰减量为：

$$-\mathrm{d}A = \psi A \mathrm{d}x \qquad (\text{附}2.1)$$

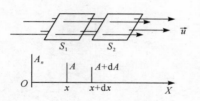

附图 2.1　简谐波衰减示意图
schematic diagram of simple harmonic wave attenuation

在 $x=0$ 和 $x=x$ 处,振幅分别为 A_0 和 A_x,积分后得波动沿波线 x 轴传播的振幅对数衰减率 Δ 的公式:

$$\Delta = \ln \frac{A_0}{A_x} = \psi x \qquad (\text{附} 2.2)$$

因此,试样波动衰减后的振幅为:

$$A_x = A_0 e^{-\psi x} \qquad (\text{附} 2.3)$$

可见,衰减后的振幅是随传播距离 x 延长按指数规律衰减。

上式中,A_0 为 $x=0$ 的运动振幅。只要测得波动曲线上某一位置 x 处的波峰 A_x,就可得到该段传播波动阻率 ψ(分贝/cm),即波动阻率 ψ 为:

$$\psi = \frac{\ln A_0 - \ln A_x}{x} \qquad (\text{附} 2.4)$$

织物飘逸美感及其评价

织物飘逸美感及其评价

致　　谢

　　本课题是在指导教师姚穆院士，以及孙润军教授的精心指导下完成的，同时得益于苏州大学纺织与服装工程学院有关教授的关心和帮助。在整个研究过程中，姚穆老师严谨的治教态度，一丝不苟的科研精神，以及高超的业务能力，给笔者留下了深刻的印象。这不但为本课题研究提供了强有力的技术保证，同时也给予笔者本人巨大的精神鼓舞，从而使本课题能够顺利完成。

　　本课题的研究，不仅使笔者的学术水平得到了进一步的提高，同时，对笔者的思想和学术态度，以及教学管理等各个方面，都产生了深远的影响。这本身就是一笔宝贵的精神财富。

　　在此，谨向姚穆教授、孙润军教授和徐军教授等西安工程大学服装与材料学院的有关老师，以及苏州大学纺织与服装工程学院关心笔者的各位老师，表示诚挚的谢意！同时，也要感谢山东丝绸纺织职业学院领导，以及丛国超、王革、王金玲和刘丽娜等老师的关心和帮助。